U0938239

鄭會圻、簡嘉妍 著

萬里機構

推薦序一

停一停，心呼吸

當兩個人對立時，自己的右邊就是對方的左邊，假如不肯代入互相的立場和看法，發生爭執時一定會意氣用事，覺得自己是絕對有理，而對方是完全犯錯。就算鬧到對簿公堂，法律的裁決又是否真的能夠公平地解決問題，讓雙方都心服口服？

從以往的經驗來看，經過法庭審理判決的案件，很多時雙方都不滿意，加上訴訟過程中付出大量時間和金錢，結果通常都是兩敗俱傷。當雙方各執一詞、勢成水火時，如何能令寸步不讓的兩方放下自我執着，握手言和，達致雙贏的局面？這時候「調解」就會發揮最有效的作用了。

香港調解學院院長鄭會圻先生最近出版了《打造和諧職間：一天學懂調解》，這本書的目標並不是要教授如何解決那些部門間的權力鬥爭或資源競爭這類複雜的問題，而是着眼於如何處理同事之間因工作方式和溝通模式而產生的個別衝突。書中引述著名調解大師 Roger Fisher 和 William Ury 合著的 *Getting To Yes*，建議將「人」和「事」分開。因為當「人」的關係出現問題時，不論如何妥善安排「事」，都會不得要領！跟我經常強調凡事必須從因着手，例如「醫生只是醫『病』而不從醫『人』着手，效果一定會差很遠」的理念不謀而合。

佛法教導我們「不落二邊」，正正就是調解最需要的技巧，即是凡事都先放下對於好壞、是非、對錯的執着，不只是看事情的表面現象，而會覺察自己的「心念」。在工作環境中，同事間有時會出現意見分歧，而引發波動的負面情緒，在作出破壞性回應之前，最好學懂「停一停、心呼吸」，意思是暫停情緒反應，即時用心感受當下的一呼一吸，讓自己冷靜下來，再理智地處理問題。

當然大家都曉得知易行難，「講就天下無敵，做就有心無力」，未曾試過練習，也是不容易做到的，所以必須經過生活中持續練習才能做到。假如大家想了解多一點如何練習的理念和方法，可以掃描這個 QR code 到「心呼吸學習空間」認知多一點。

心呼吸學習空間

常霖法師

推薦序二

With appreciation for extending mediation throughout the globe, the Mediation Training Institute at Eckerd College is humbled and honored by Roy and Kathy's outstanding Chinese workplace mediation book. This work thoughtfully applies the insightful "Managing Differences" theory of our founder, Dr. Dan Dana, and is grounded in the principles of our recognized MTI Certified Workplace Mediator & Trainer (CMT) Program. We commend their dedication to promoting workplace mediation in Hong Kong region, the Greater Bay Area, China, and beyond, and wish them great success in their efforts to foster effective mediation practices and enrich workplace relationships.

(中譯)

Eckerd College 調解培訓中心懷着對全球調解事業發展的深切敬意，誠摯推介 Roy 與 Kathy 傑出的中文版職間調解著作。此著作不僅深度運用本院創辦人 Dan Dana 博士具洞見的《管理差異》(***Managing Differences***) 一書理論，更以本院認證的「MTI 職間調解師暨培訓師」(CMT) 課程準則為根基。我們對兩位致力在香港地區、大灣區乃至中國及其他地方推動職間調解深感敬佩，謹此祝願他們在推動高效調解實踐、優化職間關係和諧的事業中取得圓滿成功。

Matt Dreger

Executive Director of Products and Partnerships
Executive and Continuing Education
Mediation Training Institute at Eckerd College

自序一

學仲裁、反為愛上調解、20 載情不變

如果我早點學懂調解……

你好！我是 Roy Cheng（鄭會圻），學生都稱我做 Roy Sir，教授調解課程已經超過 15 年了。

20 多年前我上「爭議及仲裁碩士」課程的第一堂課時，一位來自海外的教授介紹了調解學中所採用的「關注式協商（Interest-Based Negotiation）」方法，當刻一聽便覺得：「嘩！原來有套談判工具這樣『正斗』，如果我能夠早些認識便好了！」

回想在銀行工作的時期，自己曾花了 4 年時間（1983 至 86 年）周旋於 14 家銀行和客戶之間的談判，目標是為銀行的一位重要客戶進行債務重組，當時煩惱得焦頭爛額，天天摸着石頭過河。課後我開始到圖書館搜尋關注式協商的書本學習，試圖吸收所有與調解和談判相關的內容。不是說笑，我本來不是一個愛讀書之人，但那數年間所讀到的調解書籍，數量可能是我 30 多年的閱讀總和。

後來，單靠書本上學習調解已經不能滿足我的求知慾，於是我開始往海外上課。那時候的我，熱愛調解簡直達致發狂程度。2004 年專程赴哈佛大學進修 PON（Program On Negotiation at Harvard Law School），學習談判調解技巧。前往哈佛前，我決定趁空檔去堪薩斯城（Kansas City）一趟，沒想過此行竟為我的生命帶來奇妙轉折點，將日後的個人發展引領到職間調解的方向。

話説堪薩斯城有位職間調解高人，他就是 MTI（Mediation Training Institute）的創辦人 Dr. Dan Dana[1]。作為一位行為心理學教授及資深調解員，他綜合多年的實戰經驗與專業知識，創造出兩套既獨特又快捷的職間調解工具：任何正常的成年人只需經過 7 小時訓練，便能學會掌握使用；而且根據他的經驗，大多數個案只需要 90 分鐘便可圓滿解決，十分便捷。

Dr. Dana 相信，當企業及機構廣泛認識、並持續採用這套職間調解方案一段時間後，同事之間將可以自然形成一種處理分歧的文化，他稱之為「預防性調解（Preventive Mediation）」；職間衝突隨之減少，省時省力，又能提升工作團隊的生產力和創富力，是一舉四得的好方法。正如「楓橋經驗四前工作法」的精神：預防工作走在調解前、調解工作走在激化前。

有幸向國際級調解大師 Roger Fisher 請教

Dr. Dana 對我的影響深遠，令我省悟職間調解的重要性和實用性。因此，當我在哈佛大學有幸拜會國際級調解大師 Roger Fisher[2] 教授時，便毫不猶豫直接向他請教怎能將調解加快在香港普及和大衆化。教授認為可以從大學教育入手，但當我指出香港的大學資金大部分源自政府，而且自主權比美國還要薄弱時，教授即陷入了沉思。

---

1 Dan Dana 博士是行為心理學家，1985 年創立 MTI（Mediation Training Institute），專門教授職間調解，提高商界的衝突管理水平，倡議管理人及團隊成員扮演公正、協調性而非強制性的第三方調解角色，以「對話」方式加深溝通、尋求共識及有益於雙方和機構的解決方案。MTI 現由美國 Eckerd College 營運。

2 調解大師 Roger Fisher 教授（1922-2012），哈佛法學榮譽教授、哈佛談判專案中心（Harvard Negotiation Project）聯合創始人。在哈佛法學院任教超過 40 年。他主張以利益為出發點的和平談判，是國際法和談判領域的開拓者，縱橫商業糾紛到國際衝突，曾在西點軍校教授衝突管理，以及如何在戰爭與和平中運用有原則的談判工具，對中東及中美洲和平作出重大貢獻。

這時我趁機提出一個問題：「如果由商業機構入手來推動又如何？」教授回應：「大多數生意人都是在商言商，許多高層都會透過談判解決分歧，而一般職級人員則缺乏調解商業糾紛的實質機會與經驗啊！」

我再追問：「如果由職間調解入手，處理同事間之衝突又如何？」教授略微沉思後，馬上致電邀請一位學生幫忙。令我驚訝是，這位學生竟然是曾代表迪士尼樂園與香港政府談判落戶發展的企業顧問兼調解高手。我從來沒有想過，教授不鳴則已，一鳴驚人，既然他願意調派一位高手來幫忙，很明顯他是非常看好職間調解的潛力，此舉讓我更堅信，職間調解是未來的藍海。

Dan Dana：未解決的衝突有如「漂浮在職間的水雷」

職間分歧向來無可避免，因為只要存在兩個人的空間，便有機會產生矛盾與衝突，但真正有問題的卻不是衝突本身，而是如何有效地處理衝突和意見分歧。

回顧我們的大中小學階段，均沒有學過衝突管理（Conflict Management）這門課程。當進入「社會大學」後，唯有各自修行、跟前人學習，或從失敗傷痛中汲取教訓。當遇到職間衝突卻無法解決和備受困擾時，許多人一是選擇逃避，一是誓死對抗。

其實無論逃避或啞忍，問題依然存在，並未解決，第二天又要繼續上班面對，誰叫對方是「朝見口、晚見面」的工作拍檔？長此以往甚至有機會引致情緒病！如果選擇對抗，則只會令衝突上升，關係變得更差，惡性循環，最後不知鹿死誰手。但無論如何，自己、同事、上司及機構一定是輸家。

Dr. Dana 曾經形容未解決的職間衝突，如同隱藏在工作環境中的漂浮水雷，不知何時何地被何人觸碰，最後造成傷害性的爆炸！

例子1

啞忍的水雷

在我主持香港電台節目《調解任務》時，曾遇過一位退休公務員分享他的個案。他在職期間，有位舊同事經常擅自向別人公開他們共事的往事，他屢勸同事停止說三道四卻不果。最終他無奈向上司反映，但對方只輕描淡寫地勸他：「算吧！忍耐一下，反正你快退休了。」起初，他真心以為退休後便能擺脫困擾，誰知仍難以放下，結果陷入患上抑鬱症的境地。

例子2

對抗的水雷

另一位主角是飲食集團的工程部人員，某天下午2時30分，他抵達一家分店處理冷氣機滴水問題，期間工程人員的對話聲音較大，分店經理遂以擔心騷擾現場食客為由，要求他們降低聲量。未知彼此對話內容如何，但結果是雙方發生爭執，工程人員拉隊離場，翌日更前往人力資源部提出集體離職，以示他們的不滿。

透過媒體經常看到有關職間衝突事件的報道，而且大多數個案主角都是平日沉默寡言的同事。即使選擇遞信辭職另謀高就，但面對新環境就能避免職間衝突嗎？這些課題只會不斷重演，直至從經驗學懂應對之道為止。既然逃避與對抗均無法奏效，唯有勇敢直接面對問題，學習運用有效的對話來化解分歧，這才是上策，也是調解的魅力所在。

推廣職間調解 20 年，荊棘滿途

在過去 20 年間，我在研討會、工作坊、電台節目等不同場合，積極推動宣傳職間調解。回顧推廣初期，聽者總是避之則吉，彷彿我在宣揚邪教般，大家幾乎不約而同耍手擰頭表示：「我們不需要這個！」甚至連公司主席、總經理、董事們都直言：「我們公司的同事很和平，根本沒有任何職間衝突問題。」他們擔心，如果引入衝突管理課程便會破壞公司形象，標籤機構存在很多衝突。

然而，當 HR（人力資源）部門的同事聽後才如獲知音人，紛紛向我大吐苦水：「一間公司怎麼可能沒有職間衝突！每當有員工發生爭執時，公司便交給我們處理，高層當然乾手淨腳吧！但我們 HR 自己沒有學過調解，只能憑直覺和經驗應對，能做到的便盡做。」

近年來，職間衝突課程似乎多了市場，參加者亦頗為樂於分享他們曾遇上的各種衝突。我的願景是：希望更多有識之士認識、認同並參與推廣職間調解，更希望獲得更多官方機構的支持。

法庭和律政司在推動調解範疇已經小有成效，在國家的「十四五」規劃下，香港的發展定位為八大中心，其中包括成為亞太區國際法律及爭議解決服務中心，足見調解市場的需要已經擺在眼前。商業策略上，隨着企業融入大灣區「9+2」城市發展的同時，也需要面對管理運作、不同文化作風和習俗，以及價值觀差異帶來的複雜性，因此更應廣泛安排職間調解訓練：

i) 預防員工或勞資之間發生不必要的衝突；
ii) 避免因為爭拗而引致不必要的訴訟費用。

我冀望在企業層面能讓全公司每位員工成為職間調解員；在社區層面全民皆具備調解的能力，共創一個和而不同、和融共處的社會。

鄭會圻 (Roy Sir)

晚晚發夢被追殺，原來是職間衝突未解決

你好！我是 Kathy（簡嘉妍），既是 Roy Sir 的學生，近 10 年也成為他其中一位調解課程拍檔。我曾在廣告公司及投資銀行打拼多年，生活雖不至於日夜顛倒，但每天至少工作 12 小時！假期前後更要加把勁，拼命清理手頭的工作，作息不定時、日日趕死線導致精神繃緊，這都成為日常工作的「基本套餐」。

回想起來，當時的我渾然不覺得有甚麼壓力，反正已習慣這種工作模式，對我來說工作不過是換取生活需要與享樂的票據而已。在職場上，表面上專業地完成工作，實則內心煩躁不休，早已成為約定俗成的一部分；領着薪水，平常向朋友申訴一下在職場累積的負面情緒，漸漸被視為正常化，真是奇妙的日常啊！

當時，我經常在夢中上演驚心動魄的逃亡劇，時而赤手空拳，時而手握利刃，但追殺者的樣貌始終是個模糊影子。重點是，我在夢中得不斷跑呀跑，猶如馬拉松式大逃亡！或許是我工作上需要經常趕 deadline，導致整個人長期處於非常繃緊的狀態吧！人家說當壓力大時會夢見自己跌落懸崖，我聽了心想：不是吧！自小學時代開始，我近乎每夜都在夢裏演繹這場戲，這很普通吧！小孩子哪有甚麼壓力？

直到踏入職場後，夢境變得更加豐富多采，還增添了被追殺的情節，後期家人聽到我在夢裏與同事爭辯，甚至用英文與同事大吵（老實說，我的英文成績可不怎麼樣，哈哈！），那時自己渾然不覺有何特別，直到在職場磋跎了 20 多年，某天終於學懂放下工作。奇怪是，從那時起噩夢就像泡沫般消失了！

對於我的情況，Roy Sir 曾說：「幸好是你自己要求放個悠長假期，否則就算換了公司，衝突和壓力還是會爆發。如果自己不作改變，學懂處理工作上各種大大小小的衝突和壓力，只是持續轉工、轉行，惡劣情況只會不斷重複出現，永遠不會有結束的一天。」我完全同意他的話。

差點控制不住要傷人

可能你會奇怪，我為甚麼會有突然辭職的念頭？事源有一天，忽然發現自己瘋癲得像隻猴子，在茶水間拿着保暖杯倒水後，見到某些人迎面走過來，心裏不停跟自己講：「繼續走、繼續走、時運高，看他不到，千萬別失控！」否則便可能真的會「匡噹」一聲，用保暖杯來個「爆頭」大作戰。就在那一刻，我意識到必須重新檢視自己，並坦承受壓程度已經見頂，不應繼續硬撐下去。幸好當時的財務狀況尚算自由，於是便輕鬆瀟灑地遞上辭職信。

離開壓力來源後，我偶然在電視看到一個介紹調解的節目，於是便報讀了 Roy Sir 及 Ms Jody Sin 的「40 小時調解課程」。當時心想，如果我能早點接觸調解和學習當中技巧，當面對工作中那些對錯之爭時，可能便懂得輕鬆地平衡關注利益（Interest）與結果（Result）了。在準備撰寫本書時，我嘗試搜尋職間衝突的新聞資料。令我驚訝的是，只需輸入「斬同事」寥寥數字，便湧現出一系列相關報道（參考本書附錄 1：職間衝突的新聞報道）。

其後我再跟隨 Roy Sir 學習職間調解技巧，這讓我對「第三方調解」(Third Party Resolution, TPR)，以及「與衝突方自行調解」(Successful Conflict Conversation, SCC) 有了初步概念。當時心想，如果工作時發現跟同事之間有分歧，提前用上這些技巧，是否能讓辦公室氣氛變得愉快一點？2020 年，由 Dan Dana 博士創立的 MTI（Mediation Training Institute）推出了「職間調解 2.0」課程，我便二話不說，再一次投入學習。

我之所以稱它為「職間調解 2.0」課程，是因為 Dana 博士把 Eckerd College 的旗艦課程「Conflict Dynamic Profile（CDP）」容納其中：透過填寫一份有關面對衝突時行為反應的問卷，不僅能了解自己面對衝突的模式，還能得知那些讓你火大的人屬於哪種類型，甚至找出改善的方法，簡直像是有了超能力！

第一次接觸 TPR 和 SCC 的時候，我覺得這課程的理論基礎相當扎實，但又好像缺少了行動性的學習。CDP 就像給 TPR 及 SCC 添加了超級增強劑，讓它們的先天缺陷瞬間變得無影無蹤。只要願意，任何人都能學會如何處理衝突；雖然未必每次都能完全解決問題，但至少可以讓火焰不再蔓延。

課程結束後，我急不及待與 Roy Sir 分享我的感受，甚至像個推銷員，極力遊説他把 CDP 課程加入教授職間調解課程。於是，我們聯絡了 MTI 表達想法，結果他們安排 Roy Sir 和我一起旁觀課程，這讓我又再進入第三次的學習，每次均讓我更深刻體會這套工具的妙用之處！

這套工具就像是職場的超能力，既能協助上司處理下屬們的對立關係，也能讓 HR 輕鬆處理同事之間的糾紛；倘若自己是衝突其中一方，還可以主動邀約對方，開心見誠解決雙方的矛盾。我相信如果當日能早點學懂此門學問，便不用一直被困在永無止境的惡性循環裏，壓力大得快要爆煲！而且，我的職場生涯肯定會截然不同。所謂「早學早享受」，職間調解的每招每式也非常有用，這正是我們在職場中需要的技能！

簡嘉妍（Kathy）

前言

建立調解之都，由職間調解開始

本書出版之時剛好是國際調解院成立於香港之年，同時政府正好全力構建香港成為「調解之都」，所有政府的合約條款均明確規定，遇到爭議時必須優先進行調解[1]，只有在無法解決的情況下，才會考慮其他方式，包括法律行動。為了鼓勵普羅大眾採用非對抗方式來解決爭端，民政事務總署亦正推行「社區調解先導計劃」。本書作者深信，若要促進調解知識和技巧普及化，職間調解無疑是成本低、效益高的不二法門。

何以見得？我們覺得調解是非常適合處理人際關係和家庭糾紛，在「調解之都」未成形前，很少人會特意為處理自己家庭糾紛學習調解，然而卻會願意花錢和時間學習如何調解工作上的衝突。商業社會是在商言商，生存之道包括投資與回報，當有一部分企業在積極

---

1 律政司於 2024 年 11 月 6 日發表了有關在政府合約中加入調解條款的政策宣言（「政策宣言」）。根據政策宣言，政府將在政府合約中加入調解條款，並以此作為一般政策（「政策」）。調解條款表示當事人同意在訴諸仲裁或訴訟前先使用調解作為爭議解決途徑。有關政策於 2025 年 2 月 6 日起正式生效。

調解條款：
就凡因本合同產生或與本合同有關的任何爭議或歧見，各方均應先行提交調解，並按當時適用的香港特別行政區政府調解規則調解。

如有關爭議或歧見不能按［上述第（1）段］透過調解得到解決，任何一方可就有關爭議或歧見向法院提起訴訟。各方同意有關爭議或歧見將受香港法院的專屬司法管轄權管轄。

（資料來源：https://www.doj.gov.hk/en/legal_dispute/pdf/government_of_the_hk_special_administrative_region_mediation_rules_2025_en.pdf）

採用調解來處理職間衝突後，他們必然會感受到調解的好處，以及它對機構利潤的直接影響，從而更加願意投放更多資源在職間調解上。

隨着員工熟悉調解的思維和溝通模式後，自然會在家庭、社區和朋友間的日常生活與事務中運用相關技巧，調解的文化和氛圍便會自動形成，這亦是本書出版的初衷；我們不求高深的理論，但求闡明快捷而簡單的步驟。本書開宗明義「一天學懂職間調解」，我們專注解決的，就是可以在一天時間內學懂，然後在 90 分鐘內處理的職間衝突。

衝突可以分為多個層階，最簡單來説有：

i) 國與國之間的衝突；
ii) 公司與公司之間的衝突；
iii) 部門與部門的衝突；
iv) 人與人之間的恩怨情仇。

然而，這些都不在本書的覆蓋範圍之內。我們的重點放在職間上因工作關係而引致的初起人事衝突，而且這類衝突需要符合以下 4 個條件：

i) 這衝突涉及到兩個人之間有密切的工作互倚關係；
ii) 兩人都認定是對方犯錯；
iii) 其中一人或兩人感到憤怒；
iv) 他們相互的行為已經妨礙或者影響機構的生產力、客戶服務、團隊合作，進而變成商業問題。

本書引用了多個真實的「職間衝突」案例；為了保護當事人的隱私，我們對行業背景、人物資料，以及一些無關痛癢的細節都進行了改編。事實上，類似的職間衝突在不同的行業、職位與性別中都可能出現過，本書的目的是提供一個簡單易行的調解步驟，幫助大家按部就班處理以上的商業問題。讀者毋須深入了解箇中理論，亦不需要是專業的認可調解員或具備超凡的調解技巧，只要跟着書中提供的方程式操作，相信大多數人都能成功解決同事間的工作困局。

本書提供的是一套調解工具，猶如我們家中的電子門鎖，毋須掌握背後的技術原理，只要確保手指清潔乾爽，輕輕按下門鎖，大門自然會順利開啟。

本書由兩位資深調解員 —— 鄭會圻先生（Roy Sir）及簡嘉妍小姐（Kathy）合著。透過兩位的自我介紹，了解他們為甚麼會選擇學習及教授調解，學懂一天職間調解後將有甚麼效用和意義。

金句 1

我討厭衝突；
但衝突不會離我而去。

目錄

推薦序一 | 常霖法師 2
推薦序二 | Matt Dreger 4
自序一 | 鄭會圻（Roy Sir） 6
自序二 | 簡嘉妍（Kathy） 11
前言 | 建立調解之都，由職間調解開始 14

第 1 章
如何管理職間衝突？
（From Confrontation to Collaboration） 22

1.1 愈演愈烈的分歧 23

1.2 職間衝突的 5 大成本 26
- 機構成本 26
- 員工在企業中的價值成本 27
- 容易被忽略的個人成本 29
- 領導者成本 30
- 社區成本 30

1.3 管理職間衝突的盲點 34
- 企業高層對職間衝突的認知 34
- 解決職間衝突的 3 大挑戰 35

1.4 人與人之間的衝突起因 39
- 由回應方式引發的個人衝突 40
- 由溝通不當引發的個人衝突 41
- 4 大類衝突反應模式 42

第 2 章

管理衝突的工具箱

(From Conflict to Peace to Cooperation)......46

2.1 報復循環 —— 由分歧爭拗升級到衝突......47
- 憤怒鳥出沒注意（反應 vs 回應）......52

2.2 觸發點 —— 當對方越過你的心理界線......53
- 由壓力反應引證，人類大腦未進化？......55

2.3 主觀感受與推論階梯......59
- 100 個人，可以超過 100 種「真相」......59
- 個案演繹：推論出來的錯覺......63
- 過濾資訊：是大腦的優勢，還是缺陷？......67
- 打破固定思維的 5 套實用工具......70

2.4 情緒是解決問題的動力......74
- 與情緒共舞......74
- 情緒系統是由情緒主導......79
- 當杏仁核騎劫邏輯系統......80

2.5 你想管理情緒，還是被情緒「管你」？......86
- 負負得「負」......88
- 不易被情緒牽引......89
- 適合職間調解的 4 個原則......90
- 劇情重溫，鞏固知識......90

2.6 用善意的行動打破惡性報復循環......94
- 善意引來善意......96

2.7 忽然和解四條件 101
- 單靠善意表示，不能達致和諧 101
- 原始部族的調解規則 102
- 職間調解，也適用於家庭糾紛 103
- 職間調解與商業調解的分別 105
- 總結 107

第 3 章

平息衝突的步驟
(Workplace Mediation Process) 109

3.1 職場豬隊友，是憤怒的起點？ 110
- 職場神隊友，也會因誤會而疏離 116
- 學懂職間調解，提升職場運勢 118

3.2 為何引入 TPR 第三方調解方案？ 120
- 機構需要一個仲裁經理？還是調解經理？ 121
- 調解有別於仲裁及訴訟 123
- 何謂 TPR？ 124
- TPR 調解方案的利弊 126

3.3 實踐 TPR 五部曲 129

3.4 第一步：衡量介入調解性價比 130
- 不適合進行職間衝突的 4 種情況 131

3.5 第二步：預備會議，約見衝突雙方 132
- 模擬會議（第一場）：TPR 預備會議 135
- 預備會議 6 大注意事項 142
- 主持 TPR 預備會議十大實用句子 143

| 3.6 | 第三步：安排第三方調解會議 145

| 3.7 | 第四步：進行 TPR 調解會議 146
- 模擬會議（第二場）：TPR 預備會議 146
- TPR 調解會議補充教材（一）：善意表示 154
- TPR 調解會議補充教材（二）：調解員三項重要任務及執行貼士 156

| 3.8 | 第五步：跟進會議 160

| 3.9 | 為何引入 SCC 自行調解會議？ 163
- SCC 自行調解會議的定義 163
- SCC 4 部曲 165
- 模擬會議（第三場）：SCC 預備會議 167
- 模擬會議（第四場）：SCC 自我調解會議 170

| 3.10 | 為何引入 ISE（Inner Self Empowerment）自我充權？ 177
- ISE 的三個操作步驟 178
- ISE 的 7 個挑戰 181

第 4 章

結語（Conclusion） 186

| 4.1 | 一日調解會議的存在價值 187

| 4.2 | 期待香港成為調解之都 189

| 4.3 | 儲備調解知識，隨時化危為機 193

附錄 196

| 附錄一 | 職間衝突的新聞報道 196

| 附錄二 | Conflict Dynamics Profile 198

| 附錄三 | 操控性語句 200

| 附錄四 | 生活化的會議宣言 201

| 附錄五 | 簡介國際調解院 203

| 附錄六 | 同學分享 207

| 索引 | 210

第 1 章

如何管理職間衝突？

From Confrontation to Collaboration

1.1

愈演愈烈的分歧

分歧是無可避免的，
但若演變至衝突並損害機構利益，便是問題。

有人的地方就會出現各種不同意見，這些不同意見其實只屬於分歧，而並非甚麼大問題。表達意見本身是溝通的重要環節，只要雙方能夠和平地對話，集中討論事情的本質而不是針對個人，就算偶有爭拗也可達成共識，即使最終無法達成一致，我們也可尊重彼此，可以有不同觀點。然而，如果分歧變得激烈，甚至演變為矛盾或衝突，那麼便需要妥善管理，例如透過召開調解會議化解衝突。

記得在 10 多年前的一個工作坊，當我分享有關調解的重要性和理念後，引起一位參加者舉手發言，他十分感慨道：「如果我能早些了解調解的知識，或許有機會挽留一位優秀的得力助手。當年正因為我的兩位下屬未能妥善處理互相之間的工作衝突，最終導致其中一位憤而離職。」

在當今企業管理環境中，我們深知管理層日理萬機，的確難以參加一般 40 小時調解課程。故此，本書開宗明義「一天學懂職間調解」，讓讀者可以在一天內學會有效的管理衝突法，聽起來是否 too good to be true（好得難以置信呢）？但這套方法確實適用於兩人在職間需要互相合作，卻因衝突而已經對業務或團隊構成影響的情況。如果能夠及早掌握這些技巧，將為企業及個人省卻不少成本，希望本書能成為你在衝突管理上的得力助手！

為搶功，閨蜜也反面

職間衝突個案

Kim 和 Carol 是一對閨蜜，也都是工作狂，前一天晚上為公司的大專案通宵達旦費盡心思，直到天亮終於提交了大家都滿意的提案給老闆。回家路上 Carol 靈機一動，覺得還可以加多些亮點，於是她抓緊時間直接發了另一封電郵給上司。

第二天早上，睡眼惺忪的 Kim 打開手機，卻發現昨晚的提案被 Carol 偷偷「加料」！Kim 立刻火冒三丈質問 Carol：「你昨晚明明沒有跟我提過這點子，是想在老闆面前搶功嗎？」

Carol 解釋：「我只是回家後靈光一閃想到超棒的點子，但又怕耽誤你休息，於是自行發了電郵；本來想在早上向你交代後才發，但老闆那麼緊張，我怕來不及。」不過，Carol 愈是解釋，Kim 愈是懷疑。

老闆看着這對爭論不休的「孖妹」，心想女生真麻煩，總是連芝麻綠豆的事也吵一番，因此沒有將事情放在心上，也不想介入，以為過一陣子便自動沒事。

誰知，老闆某天突然收到 Carol 的辭呈，細問之下才知緣故。原來 Carol 與 Kim 之間的互信在「搶功事件」後已蕩然無存，前者更認為無法再與這位昔日閨蜜一起工作，決定另謀高就。

有效的溝通模式是調解的重要元素，正因為我們日常生活或工作中的溝通嚴重不足下，卻又不自知地胡亂猜測、演繹對方的動機，故常常怪責他人，讓對方揹上「莫須有」罪名，甚至因此鬧翻、辭職，老死不相往來。

職間衝突的 5 大成本

職場衝突絕對是賠本生意，
有蝕無賺，有弊無利，
無論對個人還是企業來說，都是一樣。

機構成本

包括金錢成本、時間成本、機會成本等。

許多研究顯示，失去一名中層員工的成本高達該員工年薪 1 至 2 倍不等，這可不是小數目！而且職位愈高級，成本還會往上飆升。弔詭是，這些成本很多時候不會在公司業績年報顯示，簡直像是在玩數字隱藏遊戲。未有解決員工衝突而對機構造成的「總成本」，應包括但不限於以下 6 個方面：

i) **招募新人：**過程包括發佈招聘廣告、安排面試、篩選候選人，以及最終僱用決策，均包含不少人力資源與時間成本。

ii) **入職培訓：**一般新人的適應期從數天至數月不等，培訓階段只是讓新員工認識及熟習公司的運作和文化。

iii) **生產力損失：**新員工就像剛學習騎單車的小朋友，起步總是慢吞吞，亦有機會摔個四腳朝天（犯下錯誤），通常需要時間才能達致現有員工的生產力水平。而且，當其他員工看見人才流失率高，可能會對工作失去熱情，繼而影響公司整體生產力。

iv) **客戶服務和失誤：**新員工需要更多時間與客戶建立關係和了解他們需要，如果未能妥善應對，可能會導致各種大小失誤。

v) **培訓成本：**企業在培訓員工上投入不少資源，如果員工隨便離職，這筆錢就像白白丟進海裏，為他人作嫁衣吧了。

vi) **企業文化衝擊：**如果機構員工流轉率高，將難以形成穩定的企業文化，頻密換人甚至變成是公司的「傳統」了。

因着員工之間之不和，甚至有人離職，所衍生的這筆費用每年都會讓機構的營運成本增加不少！職員人數眾多的公司更是不在話下。

員工在企業中的價值成本

隨着時間推移，員工流失對公司的價值成本也會逐漸升高。一篇由美國進步中心（Center for American Progress）發表的論文，便引用了在 15 年內發表的 11 篇論文研究結果[1]，指出高技術職位流失對公司造成的平均經濟成本，是該職位一年薪酬成本的 213%。

2021 年，郭智輝博士在「遠見華人精英論壇」[2] 提及一個研究，發現培養一名新員工的費用約是其薪資的 21%；而一名員工流失所造成的損失，竟然高達他本身年薪的 5 倍。無論如何計算，這些成本均相當可觀。儘管 10% 離職員工之中，只有少數屬於中高層，其餘是基層員工，但即使後者離職對機構造成的損失比較少，所謂「積少成多」，影響也是不容忽視的。

到底失去一位優秀員工，公司將虧蝕多少錢？

以西九文化區管理局（簡稱西九管理局）頻密更換高管的個案作為例子。首任行政總裁（CEO）謝卓飛（Graham Sheffield）上任僅

1 https://www.americanprogress.org/article/there-are-significant-business-costs-to-replacing-employees/

2 「遠見華人精英論壇」2021.11.2，郭智輝博士 Dr. J.W. KUO)，https://www.hbrtaiwan.com/article/20729/measure-management-cost

5 個月（2010 年 8 月至 2011 年 1 月）便「快閃」離任；第三任 CEO 栢志高（Duncan Warren Pescod）更破紀錄，上任僅 3 個月（2015 年 8 月至 11 月）即「被離職」，當局更是損失慘重。

根據 2021 年 3 月的公開資料，西九管理局 CEO 的年薪為 626 萬，比時任香港特區行政長官的 521 萬年薪（2020 / 21 年度）還要高。即是說，西九文化區每當有一位 CEO 請辭，政府都要承擔超過 900 萬的龐大開支。

Mediation Training Institute（MTI）設計了一套員工離職計算表，各位讀者可以按自己公司所投放的資源，自行計算公司每年因為員工不和而離職的總成本，以下是計算範例：

員工離職計算表

表 1 機構成本計算方法 [3]

	美元
假設你的基本年薪為：	$80,000
僱主投放在你身上的總資源為：	≈ 年薪 × 1.5 倍 [4] =$120,000
你離職後、重新招聘成本為：	≈ 投放總資源 × 2 倍 =$240,000
職間衝突平均佔離職員工比例：	≈ × 60% =$144,000
假設機構每年流失率為 10 人：	≈ × 10 倍 =$1,440,000

3 資料來源：美國勞工統計局，2019 年 6 月（© Mediation Training Institute at Eckerd College）

4 根據各公司的培訓課程薪資水平填寫表格。

容易被忽略的個人成本

當我們在職間遇上不如意的情況時，通常都會聽到「東家唔打打西家」的建議，彷彿轉換工作就是解決問題的真道理。然而，如果因為無法妥善地處理同事之間的衝突而選擇離職，當中包含着一些容易被忽略的個人成本，包括：

i) 工作動力和生產力的下降。

ii) 對上班的抗拒感不僅影響心理健康，甚至可能影響身體，導致頻密借故缺勤，最終失去表現機會。

iii) 防範所謂的「敵人」，甚至浪費精神思考如何攻擊對方。

iv) 如果本身對公司和人事抱有熱情，對前景充滿期待，但卻因為與某位同事發生職間衝突，辭職與否的抉擇會讓當事人感到糾結和折磨，難以言喻。

v) 辭職尚未落實期間，心情變得格外複雜，這種掙扎會讓當事人的情緒和工作表現大打折扣。

vi) 假裝請病假或失蹤片刻去見工，又擔驚受怕被上司及同事發現，心理成本不可小覷。

vii) 到了新公司就職，不僅需要時間適應新的環境、同事和文化，還需要更努力表現自己，爭取管理層及同事的信心，一切付出也絕不簡單。

即使成功轉工，職間的衝突成本依然會隨着我們，心中陰影可能影響着我們的情緒。有些人甚至會長期無法擺脫這些衝突所帶來的影響，讓身心健康受到損害，成本更是難以計算。

有沒有想過當我們面對衝突時，為甚麼平日自認冷靜能幹的自己，霎時間變得「火遮眼」？為甚麼會跟對方拗得面紅耳赤，甚至脱口而出一些不能回收的難聽話語？

回想 2006 年的巴士阿叔事件[5]，當中「我有壓力、你有壓力！」這句説話，其實背後有個生理機制作祟，就是皮質醇（Cortisol）飆升。皮質醇可以導致心跳加速、血壓及血糖提升，而且當面對壓力時，這種荷爾蒙更是令我們迅速進入戰鬥狀態的重要推手。

領導者成本

Roy Sir 授課多年，深知職間衝突這個範疇往往最少人觸及，而有些企業領袖更認為只要做妥個人的專業工作，便毋須理會其他人事問題！

不過，當渴望在職場能更上一層樓，從眾多同儕之中突圍而出獲得晉升機會時，就要視乎是否具備擔任領導者的才能了，因為公司必然選擇在個人專業範疇表現優秀之餘，還能兼顧團隊的建設，以及能處理人事問題與職間衝突的高手。

因此，毫不誇張地説，處理衝突的能力已成為現代領袖不可或缺的技能之一。

社區成本

如果職間衝突無法處理，社區其實需要為此買單的。有句老話説得好：「人類是群體生活的」，當小個體有衝突而未被妥善處理，影響便像漣漪般擴散開去；職間衝突同樣不僅發生在辦公室裏，還可能影響家庭生活，沒人能夠獨善其身：

i) 表面上，所有關於公司生產力、病假日數、員工數目等數據，都

5 https://www.youtube.com/watch?v=511_WsVJ0ql

是政府統計中的一些數字而已；然而，員工的身心健康狀況，才是構成疾病，甚至情緒病的重要元素，增加公共醫療費用，間接成為社區的醫療成本。

ii) 公司內部解決不了的衝突，負面情緒常常被員工各自帶回家，影響到家庭生活，破壞家庭和諧，整體離婚率上升。

iii) 雖然心底裏的怨氣無法以精準數據來衡量，但如果職間怨氣持續存在，最終會由個人、公司轉移到社區，並可能由負面心態變成為負面行為。

例子 1

爸爸在公司受了氣，經歷衝突但啞忍，回家後因雞毛蒜皮的小事向太太發脾氣；太太為避免與丈夫吵鬧將怒氣吞下，卻不自覺地因小事乘機向大仔發火；哥哥怕媽媽不給零用錢而沒有反駁，於是將委屈發洩在妹妹身上；妹妹無處發洩，唯有回校霸凌同學，又或在街上虐待小動物洩憤……爸爸的職間衝突，最後變成學生及小動物無辜受罪。

iv) 實際上，職間衝突所造成的社區成本，會在部分前線或公營機構中顯現，例如醫院、學校、社福機構等。這些機構全是為市民大眾服務，一旦因為職間衝突而影響服務質素，市民便要承擔後果。

例子 2

在醫院病房中，不同崗位的工作人員在交更、或護士與醫護助理互動時，假如發生職間衝突，團隊的合作精神便可能受到破壞。這樣一來，各單位就只顧完成個別的工作，縱然發現其他單位有錯漏，如果抱着「時運高、看不見」的態度，這不僅導致醫院的服務質素降低，甚至增加了不必要的醫療失誤風險。屆時，不止是醫院管理層，整個社區的市民都要為這些衝突付上代價。

頂頭上司玩政治

職間衝突個案 2

Wendy 因為頂頭上司在職間玩弄政治而決定離職。起初，上司只是「雞蛋裏面挑骨頭」，對她的一些小事單單打打，但後來情況變得更糟，就連其他組別的錯誤都歸咎於她。Wendy 覺得上司擺明多次陷害她，一直挑釁着自己的底線，所以拗亦無謂，索性另謀高就了。

這正是「認為眼前困境永遠無法改變」的幻象（Road on the Boulder Illusion），會讓人產生沮喪、無奈和無助的感覺。其實，大部分人面對衝突時都像 Wendy 般，感覺自己像個申冤無望的弱者，選擇逃避問題。可是若不學懂處理，相同問題及處境還是照樣重複出現的。另一方面，「上司是衰人」(Bad Person Illusion) 這個概念已植根在 Wendy 心中，隨之特別着意尋找「他是衰人」的證據，同時選擇用逃避來應對挑戰。

一般情況下，面對壓力的反應通常有兩種：一是反擊（Fight），二是逃走（Flight）。選擇不回應、不申辯、不硬碰，那麼便只能夠選擇臨陣逃跑。可是即使轉到新公司，亦難保不會遇上類似情況。重點在於，我們需要學懂如何處理衝突，而非總是選擇硬碰硬或逃避，否則只會浪費在職場上為事業拼搏的最好時光。

夢見前上司，指責工作未完成

職間衝突個案 3

Eric 有天做了一個夢，夢見他的老闆在責備他，「喂！你還有十幾項工作沒有按時完成呢！」他一下子扎醒馬上彈起身，心裏想：「竟然有這麼多工作還未做？」他開始仔細思考，怎樣才能在最短時間內處理好，彌補過失。

就在思考沒幾秒後，Eric 忽然衝口而出：「咦！這位老闆明明是上一份工作的上司，我跟他已經沒有關係，但為甚麼會夢見他呢？」

很多時候，要是心裏存在未解開的心結（Unfinished Business），或仍留有一啖氣髀於心口，潛意識會代我們記住它。以因衝突而離職為例，雖然是自己主動遞信，口裏說着「無所謂、已經放下、忘記了」，但內心深處實際上仍感到意興闌珊，因為內心被傷害後並不輕易痊癒，潛意識會幫我們一直記住這些感受，產生一種「被遺棄、被踢走」的感覺。只要這些鬱悶的情緒一日未解開，潛意識的怨氣就會持續在心裏發酵。

管理職間衝突的盲點

董事局或管理層並不重視職間衝突，
因為在公司年報損益帳上，
從來沒有反映它所導致的生產力下降、重新招聘、
培訓新員工等各項損失或成本。

企業高層對職間衝突的認知

在 20 多年前推動職間調解時，許多公司管理層對學習這方面的知識持拒絕態度，理由是他們認為自己管理有道，公司上下沒有衝突，十分和諧。然而，實情只是他們逃避現實，有的可能擔心若然提供職間衝突工作坊，會讓外界覺得公司存在很多內部矛盾，因而令公司形象受損！有的可能是高壓管理下，下屬在上司面前噤若寒蟬，背後卻是怨氣難吐，苦水不絕。

直至近年，部分管理高層如 CEO 或董事會主席等，開始承認公司確實存在一些職間衝突，但他們仍自信問題經已解決了。不過，當再詢問人力資源部經理是怎樣處理，他們卻反映：「CEO 和主席當然認為解決了，因為問題已從他們的手上轉移到我們這裏，可是大部分人力資源部員工卻從未接受正式的衝突管理培訓，大家只能摸着石頭過河。」

對於這樣的情況，我們期待未來有更多公司願意正視並學習如何有效管理職間衝突，讓職場環境變得更加和諧！

解決職間衝突的 3 大挑戰

我們每天都有機會面對衝突，但原來從小到大，都從來沒有正式學過一門「衝突管理學」的課程！

❶「仲裁式」管理

許多企業都是採取仲裁式的管理方法，往往離不開非黑即白、是非對錯，上司對下屬進行管治等概念。因此當下屬之間出現爭執，通常由上司判決誰對誰錯，並根據對公司的政策規條的要求做懲處；如果當事人不滿判決，便要向更高級的上司提出投訴。很多開明的企業設有投訴機制，但核心只由一個或一小撮的人來決定事件的結果；通常由第三者裁決的結果往往會導致某方不滿，甚至雙方當事人均覺得不公平、不合理、不接受；另一方面，裁決者自問已經努力做出最公正、最合理的判決，卻還是遭到埋怨和指責，讓他感到十分委屈和無奈。

❷ 隱性成本

在企業的財務報表上，從來沒有數字反映員工職間衝突所帶來的真正龐大損失，故此無法引起高層重視。而且，一般管理層對於職間調解的特色，以及將調解融入投訴機制的協同效應，並不十分了解。

❸ 只顧競爭，忘記初心

在上世紀 80 年代的香港，信用卡業務競爭激烈，各大銀行使出渾身解數，千方百計透過不同禮物優惠來吸引新客戶，卻忽略了維繫現有客戶的重要性。同樣地，許多公司都費勁搶人才，而忽略了提供衝突管理的培訓，減少不必要的人才流失。

任何衝突都是由溝通（語言及非語言）引起的，有關如何進行有效溝通的課題，會於【第 3 章：平息衝突的步驟】深入探討。

香港企業與海外企業的落差

教授調解課程已經接近廿年，當中最大感受是：「眼見同學們為了學習，需要連續數個星期的週末，全天上課；從第一堂課精神奕奕，到最後課程結束時疲憊不堪，真是讓人難受。」課程要求學生需為下一課預先準備，曾經有位上了 3 課的同學向我表示，如果每課繼續有此要求，他恐怕可能會被解僱⋯⋯雖然只屬戲言，但仍感受到若然缺乏機構的支持，員工在工餘時間上課要面對很大壓力！

反觀，外國有很多企業在舉辦類似的職間調解課程時，通常會給予員工進修假期及學費資助，讓他們能夠放下工作，專注於連續 5 天的課程，這樣既大大提高了員工們學習的動力，連貫性亦有助於更好地理解課程內容。相比之下，大部分香港學員只是利用工餘時間自費上課，根本得不到公司任何支持，更別說是奢侈的 5 天學習假期。

難忘中環上班族的上課情景

回想 10 多年前，我第一次公開教授職間調解課程，那些上班族學員要在短短一小時的午餐時段內，匆匆忙忙趕回公司簽文件，回來時只帶份三文治邊吃邊上課；下課後又要回公司加班，追回課堂所花的時間，他們真的很不容易！

港企 10 數年來依然未見進步

到了 2020 年代，來上 40 小時調解課的同學依然要犧牲 5 個週末假期，仍然是得不到公司的支持。我感慨道：「他們是十分真誠的學習，學費已經自付，只希望公司能支持一點給幾天假期，但願望依然落空。」

與我拍檔教授職間調解多年的 Kathy 表示：「我真的感同身受。之前也曾經為了完成學位課程，在上課的日子將工作時間高度壓縮，以便按時下班上課，甚至在課堂結束後馬上回公司加班。再者，週末及假期大都要上課和溫習，完全沒有娛樂時間，我對箇中艱難深有體會。」

我在此呼籲香港企業應稍微支援需要上課的員工，畢竟員工學習職間調解，不論對企業或個人都是百利無害，十分值得公司支持！（請參考本章「員工在企業中的價值成本」一節）

沒人願意學習，誰來處理衝突和投訴？

10 多年前，有位銀行前線人員前來報讀調解課程，Roy Sir 循例問他：「為甚麼想學調解？讀完希望能達成甚麼目標？」

這位年輕人說，學成後希望能調往投訴部工作，Roy Sir 聽後好奇問：「哈？投訴部？那裏通常被視為豬頭骨位，是很少人願意去做的部門啊！」年輕人肯定地回答：「沒錯，正因如此，我才想去嘗試！那裏的升遷機會肯定會高許多。」

他說得很有道理。完成課程後，這位年輕人不僅很快得償所願，獲得時任公司晉升，更被獵頭公司挖角成為業界搶手人才呢！

在過去 20 年，我時常應邀為各機構主持調解工作坊。深入交流後發現，許多單位期待透過調解技巧來「消除」投訴。然而，若我們理解「投訴」實質是對機構服務品質、工作流程或組織架構的反饋，便毋須過度憂慮——正因為在乎，人們才會提出建言。

多數情況下，我們面對投訴時的壓力，往往源自於不知如何應對情緒激動的投訴人。本書第二章將系統性分享「情緒管理心法」：如何主導對話節奏而不被雙方情緒牽動。

1.4

人與人之間的衝突起因

不明確的分工可導致同事之間產生衝突，
而上司的領導風格也有機會引發摩擦，
再加上有些人説話時帶尖酸負面的語氣，
又可能令衝突更加頻繁。
看起來，這個世界豈非永無寧日？

職場上的人際衝突，可能存在很多種原因。

職場裏，當某些事情發生，或被人碰觸到敏感神經時，衝突便有機會開始。在這一瞬間，我們的反應可能會讓情況逐漸緩解或變得更壞，回應可以有兩個選擇方式：破壞性或建設性。

以破壞性的方式回應衝突，主要針對個人的指責，衝突自然會不斷升級，隨之而來更多的憤怒與挫折感，大家可能會互相計較，甚至報復，最終團隊的表現也會受影響。

反之，以建設性的方式回應衝突，主要集中討論事件本身和解決問題上，通常會帶來正面的效果，這樣衝突就會緩解，並促進雙方更開放和真誠地溝通，讓大家更好地協同合作，增進團隊合作的氛圍。

成功的衝突管理並不是要消除衝突，而是要降低衝突所帶來的負面影響，並發揮其正面效果。

假如大家能夠求同存異，又何來衝突呢？人與人之間最大的問題就是溝通。很多時因為「事」的分歧而發生衝突，再加上「人」之間的關係在未有「事」以前已有問題，這樣便引發更多對「事」的爭論。

著名調解大師 Roger Fisher 和 William Ury 在他們合著的 *Getting to Yes*，便建議將「人」和「事」分開。因為當「人」的關係出現問題時，不論如何妥善安排『事」，都不得要領！

由回應方式引發的個人衝突

在工作環境中，有分歧、情緒波動是正常不過的現象，根據 Ecker College 的研究報告指出，在負面情緒影響下的行為回應，其影響是最大的。這項研究整理出在職間遇上衝突時最常見的 15 種回應方式，當中有 8 種屬於破壞性行為，7 種則是建設性行為，並進一步分為「主動式」和「被動式」兩類。（【附錄 2】將介紹 8 種常見的破壞性回應，以及 7 種常見的建設性回應。）

i) **建設性回應**：通常能夠提升工作效率，並可以激發創意。
ii) **破壞性回應**：往往引發更大更多的分歧，最終愈演愈激烈，甚至達到無可挽救的危機。

表 2 歸納 4 大類回應方式

	建設性回應	破壞性回應
主動式	**主動式建設性回應** 例：創造方案	**主動式破壞性回應** 例：抹黑詆毀
被動式	**被動式建設性回應** 例：自我反思	**被動式破壞性回應** 例：壓抑情緒

由溝通不當引發的個人衝突

生命便是關係，關係便是溝通。——周華山博士

美國哈佛大學 Program On Negotiation at Harvard Law School 的談判模式提及 7 個要素 (Seven Elements)[6]，其中最基本便是「關係」和「溝通」；良好的溝通可以建立和修復關係，而不當的溝通則可能導致破壞關係。

有些評論指衝突是源於缺乏溝通，Roy Sir 經常問同學：「你與中東阿里王子有衝突嗎？」這說明了如果從沒有溝通，又何來衝突？相反地，在職場上不自覺地使用不太恰當的用詞，甚至是操控性的句子，如「你應該」、「我覺得」或「其實你」等，可能會令對方感到你是我非、你對我錯、你高我低的味道。說話者的本意可能出自一片好心、語重心長地提供建議，但聽者卻可能因為感到不被尊重、被批評、被指責而觸動情緒，進而導致衝突。（【附錄 3】我們嘗試列出一些操控性、侵犯性句子給各位參考。）

6 Program On Negotiation at Harvard Law School 的談判 7 個要素：溝通（Communication）、關係（Relationship）、關注（Interest）、選項（Options）、客觀準則（Objective Criteria）、承諾（Commitment）、替代的選擇（Alternatives）。

4 大類衝突反應模式

人擁有情緒是正常的，有時與其說被對方的行為激怒，不如說是由我們內心的「着火點被觸動＋情緒反彈」所驅使。不過這也不算甚麼大問題，關鍵在於我們在這情況下，所採用的回應方式是否恰當。

一般情況下，在面對分歧或攻擊時停一停、想一想已經是很有效的（進階版處理方法，可參考本書【第 3 章】介紹的「自我充權」）。根據祖先遺傳給我們的本能反應，戰鬥（Fight）或逃走（Flight）是遇到攻擊時通常的選擇（舊思維路線圖）。奈何在職間，這兩種反應都不能夠解決與同事之間存在的問題。

停一停、想一想，給自己一些時間冷靜下來，經仔細思考後再給有效回應。這樣可以避免衝動行事，令我們的回應更具建設性。

透過持續學習和修煉以上的反應，一點一滴累積，終有一天會成功，提升衝突管理的水平。但是，職間衝突卻沒有耐性等我們修煉完畢才出現，還有其他快速的方式嗎？

如果我們能在大腦內重新構建思維、學習新的應對方式後，只需要面對衝突時改變行為，縱使當下不完全理解箇中奧妙，但只要願意實踐，就能避免衝突升溫。

思考自己回應的結果 → 與自己期望的結果比較 → 根據這些結果調整我們的行為 → 轉變路向發展出一條新的解決路徑（新思維路線圖）。

編寫本書的目的，就是希望大家在短時間內學懂如何去處理職間衝突，當中竅門便是重新構建「思維路線圖」。當遇上分歧和衝突時，暫時停止使用本能反應（舊思維路線圖），取而代之，在腦海中構建一幅新路線圖，選擇合適的建設性行為來回應，從而不再讓情緒主導反應。

老師鬥請病假，禍及全校師生？

職間衝突個案 5

某學校流傳着一個故事：有位英文科老師與普通話老師因為職間衝突，竟然鬧得不可開交，搞得一團糟。首先是英文科老師向校長投訴，覺得沒有受到同事的尊重，他還出示精神科醫生證明，表示自己因此弄致失眠及有情緒病，要求以後不再和普通話老師有任何接觸，如果非不得已要對話，必須有主任級或以上的老師在場陪同。校長基於有醫生證明，便一一批准。

其後不久，普通話老師也來找校長，拿出醫生診斷，訴説自己也患上情緒病要求申請病假，校長無奈批准了。

為甚麼事情弄至這麼嚴重？後來調解員跟進發現，原來只因某次英文科老師在帶領同學往禮堂途中用中文給予指示，卻被普通話老師大聲譏諷：「英文科老師不是應該任何時間都説英語嗎？」

而普通話老師的怨氣，則源於某次轉堂時，他尚未向學生交代完功課，英文科老師便進入課室，並向學生表示上課時間已到，他感到不禮貌地被要求離開課室。

所以兩位老師心生不忿，於是互相大耍「你做初一，我做十五」的遊戲，輪流傷害對方，任性地發洩情緒。令事情更失控是，普通話老師被投訴後，也表示情緒不穩，以同樣理由申請病假。

這場老師之間的「鬥爭」，最終演變成全校師生集體「埋單」，因為兩人斷斷續續地請病假，基制下學校沒有足夠條件請代課老師，其他老師需輪流代課。結果影響大家休息，拉低課堂質量，嚴重削弱教學效率，最後殃及全校學生，成為最大的受害者。

當你遇上惹火尤物

職間衝突個案 6

有次搬寫字樓，難得幾位不同部門的同事不約而同加班（O.T.），本以為是一個愜意寧靜的晚上，但當 Karrie 跟同事 Jessy 輕輕地說：「可否請你讓一讓，我想在你背後的大櫃子裏搬幾疊書出來。」Jessy 竟然原地爆炸，火氣十足地大聲嚷道：「你是否想我死呀？大家 O.T. 都是為了搬東西，你竟然要我讓開給你取東西？你是否想我死呀？是否想我搬到明早也搬不完呀！」

Karrie 聽後即場「石化」了，因為沒想過居然會遇着一個如此「惹火」的同事。Karrie 在 3 秒內整理好思緒，平靜地說：「Jessy，我相信全公司沒有同事會這樣惡劣想你死的，我們明白你很緊張今晚的進度，但我相信在場所有同事一樣，都想盡早收拾完回家休息。我只是希望你能借我 3 分鐘時間，把櫃子裏的東西搬出來就好。謝謝。」Jessy 聽完，出奇地沒有再發火，而是讓開了。然後整個晚上，她都安安靜靜地沒有再說一句話，大家順利完成任務。

Karrie 懂得給自己 3 秒鐘，讓自己停一停，真的做得很好。如果 Karrie 當時被激怒了，嘲諷 Jessy 手腳慢才導致要加班，或是指責對方無理取鬧的話，一場大戰便無可避免了。

金句 2

返工為求生活，
即使不能共處，
可不可以共存呢？

第 2 章

管理衝突的工具箱

From Conflict to Peace to Cooperation

2.1

報復循環 —— 由分歧爭拗升級到衝突

但凡有人的地方，難免會有分歧。
其實，單純分歧本身不是問題，
但當它發展成為衝突，甚至是報復循環的行為，
那就可能變成沒完沒了的災難。

甚麼是分歧？當兩個人持有不同意見，便謂之分歧。其實，分歧本身並不是問題所在，反而我們有效地利用分歧，才能創造更多的可能性，不過，如果因為分歧而衍生衝突，卻沒有妥善解決，這種糾纏得沒完沒了的狀況，最終會影響團隊的表現、績效及營收。

但凡遇上衝突時，基於人類物種的基因設定通常只有戰鬥（Fight）或逃走（Flight）兩個選項。在古代，遇到生命危險逃走當然是有效的應對方法，畢竟「三十六計，走為上計」；如果跑不掉，就只能以死相拼，尋求機會逃出生天。不過在現今職場，縱然沒有實際生命危險，卻仍然使用這兩種選擇，可是它們都不是最佳的解決衝突方案。原因是：

i) **互相搏鬥（Fight）：**不僅未能真正解決問題，反而可能會引致單方或雙方的傷害；無論是文鬥或武鬥，最終機構也會蒙受損失。

ii) **逃避不面對（Flight）：**也不是明智之舉，第二天上班時問題仍然存在。常言道「冰凍三尺非一日之寒」，啞忍或逃避只會令矛盾更加深化，雙方勾心鬥角，最後可能演變成危機。

報復循環是……

當一個人感到被觸動時，往往會產生被侵略、被冒犯的感覺，從而觸發一些負面的情緒，例如憤怒、恐懼、沮喪等，繼而導致我們採取逃避或反擊的負面行為；當一方反擊時，另一方也感受到被侵犯、威脅的感覺，然後又進行反擊。這樣一來，負面情緒愈強烈，彼此攻擊和反擊的力度自然也隨之增強，形成一個不斷重複的惡性循環，最終導致兩敗俱傷，悲劇收場。

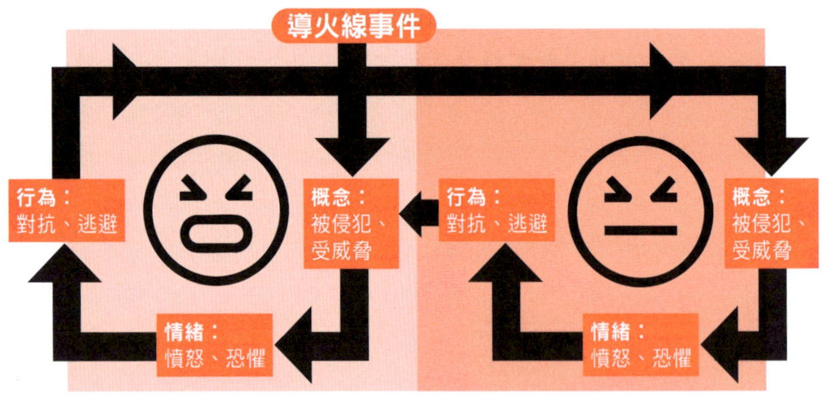

以下，我們透過一個職間事件來演繹報復循環的理論。

名校老師結怨

職間衝突個案 7

名校老師 Miss Li 和陳 Sir 因為小事釀成大衝突。兩人已經共事了 6、7 年時間，原本彼此關係不錯，時常有講有笑，不過自從今個學年起，兩人漸漸變得互不理睬，將對方 unfriend（拒絕做朋友）。

第一回合 舞台劇事件

Miss Li 一向熱衷於舉辦各種活動，每年會協助學生會籌辦畢業禮的舞台劇表演，但某年學生會的主席因個人原因提前離校，導致活動群龍無首，同學之間亦有很多分歧；Miss Li 為免摩擦加劇，於是主張取消表演，誰知引來學生在社交媒體上發出很多負評。

Miss Li 自覺是為了減少同學之間的摩擦，卻被學生們誤解為懶惰，甚至被埋怨、責罵與抹黑，滿心委屈。某天 Miss Li 閒聊時向陳 Sir 吐苦水，誰知換來對方一盆冷水兜頭淋：「這種事，換作是我便不做了！」一心求理解和支持的 Miss Li 頓感無癮。

第二回合 飲水機事件

數天後大家在教員室休息時，陳 Sir 發現水機內的熱水用完，轉頭瞥見 Miss Li 用了一個特大號杯子斟水，忍不住「嘩」一聲：「水杯這麼大，難怪熱水用得這麼快！」Miss Li 馬上黑面回應：「為甚麼要這樣單單打打（冷嘲熱諷）？如果你覺得我有做得不妥的地方，直接跟我講便是！」

陳 Sir 當場啞口無言，心想女生真的特別小器，於是將這口氣啫一聲吞了就算。

第三回合 朱古力事件

原本隨口一句戲言，奈何引起 Miss Li 的反擊，陳 Sir 有感自己「衰多口」，也不想因小事破壞多年同事的關係，於是第二天特意買了盒精美朱古力，打算與 Miss Li 握手言和，「嘿！我昨日只是隨便説説，不是認真的。別那麼小器吧！這盒朱古力送給你賠不是。」誰知道 Miss Li 隨手一揮，剛好將整盒朱古力掃到地上，並冷冷地説：「哼！誰在乎你的禮物！」陳 Sir 在眾同事前被拒絕，頓覺丟了面子，同時也被「炳着」（激怒了），馬上掉頭走。

Miss Li 隨後向其他同事抱怨陳 Sir 為人冷漠，説話尖酸刻薄，更離譜是他不理解同學的需要。那邊廂陳 Sir 也向同事抱怨 Miss Li 非常小器、心胸狹窄，他自知口多多，已經買了禮物道歉，卻還被當眾侮辱，真是離譜得無法理解。其他同事聽後都感到尷尬，因為任何站邊行為均不合適，從此大家在課後聊天或午飯總要避忌，有她就沒有他。

第四回合 狹路相逢

有一天，兩人在走廊迎面碰頭，不知因甚麼事又爭吵起來，事後各自向校長投訴對方。Miss Li 其後請了幾天病假，並暗示陳 Sir 的行為過分，令她受傷。陳 Sir 也感到被「屈」，但心想「好男不與女鬥」，唯有啞子食黃蓮。兩人關係正式破裂，勢不兩立。

終極回合 禍及同袍

新學年伊始，學校每年都會召開會議制定新學年的教學方向和政策。Miss Li 在討論環節中率先發言，向校長提出創新教學方法。然而，陳 Sir 卻對她的建議不以為然，他認為方法過於花俏，缺乏實質內容。Miss Li 指責陳 Sir 過於保守，無法適應現代教育的需求；陳 Sir 則反駁 Miss Li 不切實際，無法真正提升學生的學術水平。其他原本想發言的老師，看見兩人針鋒相對，紛紛選擇沉默，會議氣氛變得異常緊張。

更糟糕是，Miss Li 的支持者認為陳 Sir 的態度過於強硬，不尊重同事的意見；而陳 Sir 的支持者則認為 Miss Li 的建議缺乏實質內容，過於理想化。學校內部逐漸分裂成兩派，老師們之間的關係變得緊張，甚至連日常的教學合作也受到影響。

世上沒有空穴來風，衝突總有其根源可尋。上述個案顯然是一個沒有預謀的報復循環。

尋根究柢，第一個觸發點（Trigger Point）是 Miss Li 吐苦水時，陳 Sir 表現冷漠卻不自知。隨後教員室的飲水機事件，使 Miss Li 再次覺得被針對；即使陳 Sir 事後送上朱古力釋出善意，Miss Li 的心結不但仍未解開，還被對方指小器，那種被忽視、被針對的負面情緒瞬間爆發，忍不住公開掃開陳 Sir 的手，卻變成當眾掃跌禮物，令雙方面子難以維持。

在處理衝突事件時，尤其看似雞毛蒜皮不重要的事件，我們切忌只着眼於解決當前問題的方式，而需要順藤摸瓜探索事件背後的人事關係，才能找到真正的解決之道。

憤怒鳥出沒注意（反應 vs 回應）

當我們內心不滿，自然會產生情緒反彈，這時候我們作出的究竟是反應或是回應？一般而言，答案當然是前者：憤怒鳥式反應吧！

表 3 如何區別反應與回應？

反應（Reaction）	回應（Response）
不加思索。	有思考過、沉澱過。
下意識的反應（未經大腦思考）。	有意識的回應（停一停，想一想後的回應）。
被情緒牽制，容易火遮眼。	有自制力，利用情緒協助看清風險。
盛怒下的反應，多數會令你後悔不已。	雖然回應未必完美，但至少經過冷靜考慮，已預視後果。
反應模式由內分泌系統操控： 憤怒→心跳→呼吸加促→腎上腺素飆升→皮質醇增加→口快過腦，甚麼幾十年前的恩怨也可以砰一聲全爆出來→隨時令事態失控→衝突升級→雙方結怨	**回應模式是經過學習得來：** 有自制能力→縱然有情緒→能冷靜思考，平靜地做出較客觀、較合乎情理的回應→雙方衝突不會因此升級，甚或有機會降溫→促使雙方了解對方

當你憤怒時，反應肯定是畢加索（不加思索）。在憤怒時作出的行為反應，你當會畢生難忘和後悔。

2.2

觸發點 ——
當對方越過你的心理界線

造成壓力的不是皮質醇，
而是你自己的情緒反應。
皮質醇只是中立的內分泌產物。

每個衝突背後都有事件的觸發點（Trigger Point），而每個觸發點出現時必定引起當事人的強烈感覺。

冰凍三尺非一日之寒，當一方被觸動至產生還擊前，往往在此之前已經累積了一些負面情緒（不一定來自觸動者），直至越過界線而爆發還擊行動。所以説，逃避問題是解決不到問題的，只是把不滿累積直至爆發。

而生理上的觸發點，則是人類面對壓力的時候，預設了一般只有戰鬥或逃走的即時反應；大腦可以數秒內釋放腎上腺素，進而釋出足夠的皮質醇，提升血壓、血糖供應，即時強化作戰鬥能力。

將小事化大的觸發點

在【職間衝突個案 7：名校老師結怨】事件中，有兩個明顯的觸發點：

i) Miss Li 被「焫着」：
Miss Li 在教員室被陳 Sir 取笑她的杯子太大，令水機很快乾塘，令其他人無水飲。

本來只是一個無聊的玩笑，如果沒有「舞台劇事件」在先，Miss Li 或者可以一笑置之；但由於早前 Miss Li 不被陳 Sir 理解和支持，心存怨氣尚未化解，在「飲水機事件」中，怨氣疊怨氣被燃點，陳 Sir 的小玩笑在她眼中霎時間被無限放大。Miss Li 即時黑面、情緒大暴走：「為甚麼要這樣單單打打？如果你覺得我有做得不妥的地方，直接開聲跟我講便是！」

ii) 陳 Sir 被「焫着」：

在「飲水機事件」後，陳 Sir 隱約知道自己開玩笑弄至 Miss Li 發怒，於是第二天送上朱古力希望修復關係。只可惜 Miss Li 此時已 100% 被情緒主導，為了發洩積累的憤怒和怨氣，更即時掃開陳 Sir 的手，剛好將朱古力掃落地。

Miss Li 不自覺的報復行為，明顯跨越了陳 Sir 的心理界線（Cross Boundary），他最擔心同事的看法：「他們會否以為我做錯了事要道歉？或者以為我在討好（甚至追求）她而被拒絕？這樣我豈不是很沒面子！」因而產生被侮辱、委屈、無面的感覺，即時反應是掉頭走，心裏暗罵 Miss Li 小器、無理取鬧。

結果

原本的補救行為引來惡意報復反應，令雙方關係火上加油，勢不兩立，又開啟了新一輪的惡性循環。陳 Sir 的一句「別那麼小器吧」不自覺又帶貶意句子，更加令 Miss Li 火上添油，雙方不斷向其他同事覆述這個故事，令同事間被迫在社交聚會形成有你無我的局面，及後當工作上有不同方針出現，竟然演變成兩個陣營。結論就是：職間衝突若放任不管，就不知道何時爆發，並影響團隊績效或功能。

由壓力反應引證，人類大腦未進化？

戰鬥或逃走，是原始人類處理危險的預設模式。在職場上當我們不能逃走，又要克制戰鬥，可以怎麼辦？啞忍、逃避也是逃走的模式。

即時反應：源自上古人類條件反射

「反應 vs 回應」的異同與優劣，之前在「憤怒鳥出沒注意」一節就探討過，原來即時反應（Reaction）是動物上古億萬年前累積的條件反射，當與敵人面對面、無路可走時，動物只可以在戰鬥或逃走二選一。人類與動物一樣，感到危險時都有着相同的條件反射：戰鬥或逃走。

大家遠足時有否遇過村狗？你和同行友人由踏足牠們的領地範圍開始，村狗就會狂吠不止，最初是一隻在狂吠，之後整條村的狗跟着集體狂吠，直到確認你們離開了牠們的領地，安全指數回升，狂吠才漸漸消停。為甚麼？因為那是一種戰鬥狀態，清楚表明那就是牠們的領地，若你作出越界（Cross Boundary）行為，擺明挑機，大家就隨時做好殊死戰的準備，捍衛領土。

叢林法則：強者全勝，弱者迴避

森林之王獅子和猛獸老虎，因為身處食物鏈頂端，其他動物會小心翼翼地與牠們保持安全距離，只要嗅到有老虎獅子的排洩物或分泌腺氣味，就明白那是巨獸的領地或出沒路線，劃清界限，敬而遠之。

動物世界強弱懸殊，獵食者與被獵食者角色定義清晰，在生死存亡之間，別無他法，只有戰鬥或逃走兩項選擇。然而來到現代人社會，雖然叢林法則依舊通行，工作間各人的職級高低、主要角色和職責已清楚列明，但中間仍有許多灰色地帶或重疊處；有些職責未能釐清，我們會不自覺地踩過界，當對方開始「起槓」、發怒，甚至咬住不放，而我們可能仍是渾然不知。

職間衝突管理，遠比動物世界複雜

職間和野外世界不一樣，野生動物是今天的肉今天吃，明天的架明天打。身處職間的人類很少打架，卻多像【職間衝突個案 7：名校老師結怨】那樣，或是單單打打，或是正面反擊；如果被上司責罵，或者被同事埋怨，多會選擇啞忍，委屈一晚，明天又繼續上班，第二天對着同一班人，可以的話，盡量避免與對方交接；生氣怨氣問題未解決，心中明明鬱結難舒，仍然要繼續笑面相迎，扮沒事一樣，啞忍勉強合作，但沒有人知道，這水雷何時何地被誰觸碰，無辜受罪。

有時你未必是衝突的主角，而某一天身邊同事突然對你爆火，你可能會感到莫名其妙。其實，對方可能對你忍讓已久，亦可能是以往的遭遇累積下來，某一刻突然到了觸發點便情緒爆發，自己無辜受到牽連。Roy Sir 多次在課堂強調：「如果職間衝突長期得不到解決，可以好大鑊！」以 2023 年 6 月西環快餐店斬人案件為例：一名新入職員工上班才一個星期，就發生了持刀追斬經理的事件，真是讓人目瞪口呆。

侵犯職權無形的領地

現代職場太複雜，有形的領地是工作地點，有沒有越界比較易明，而無形的領地是職責範圍，而且影響是環環相扣、互相牽連。

例如 2023 年疫後通關，首次有郵輪到訪香港，交通工具卻不足以接載旅客到市區，大批旅客滯留於碼頭，情況混亂，旅客怨聲載道，市民高度批評政府辦事不力。招呼遊客是文化體育及旅遊局責任，而安排遊客路上交通是運輸及物流局的職責，那麼這次事件該是誰人負責？結果要政務司副司長出馬，問題才能解決，而政務司副司長是協助處理「三司十五局」的人物，卻被找來處理旅遊交通事務。

將軍澳區新開發時，空地上的鐵絲網，曾經試過掛滿了街坊的衣服被鋪，影響景觀，有居民非常不滿，向食物環境衞生署投訴，署方派員察看，沒檢測到有病毒，署方沒可做的事；再向地政總署舉報，署方調查後稱其土地用途不佳，但鐵絲網的部分離開了地面，已非該署管轄範圍，地面以上的任何建築部分都屬於屋宇署的事；好了，屋宇署又考察過，認為鐵絲網沒有即時危險及不屬於其管轄範圍。

所以我們祖先遺傳下來的戰鬥與逃走模式，已經再不適用於應付現今職間衝突管理的需要，唯有對話、了解、協商、創造方案才是解決困局的出路。

遠古 vs 現代壓力反應

在野外世界或古代求生，懂得戰鬥或逃走兩招便夠了。但在現代職場打滾，環境和人事關係複雜許多，我們需要升級版的大腦：

i) **戰鬥模式**：不再是打個你死我亡的關係，職間內肢體搏鬥很少出現，萬一出現，便是刑事案件；語言上對罵、結朋立黨互鬥、按章工作，以及藉故投訴等變成戰鬥工具。

ii) **逃走模式**：在野外是羚羊逃離獅群，現代人面對霸凌或無理要求時，則以啞忍、迴避、辭職演繹逃亡。

以上兩類管理衝突的模式，是前人遺傳下來，在職間火熱的衝突，你可以選擇轉工，另謀高就，但如果不學懂如何有效地處理衝突，即使去到另一個職場，問題也只會不斷重複、不斷轉工、被衝突內耗、再轉工，直至有一日產生足夠的痛苦，才會明白學懂衝突管理的重要性。

處理分歧衝突的不二法門便是面對，所謂真理愈辯愈明，我可以不接受你口中的道理，但我尊重這是你的真理。

20 年前某個慶功宴上，歡聲笑語中，阿強突然站起，指着我怒吼：「Roy！你咁紅，我頂你唔順啦！你好巴閉咩？人哋就怕你，我唔怕啊！」全場愕然。

我與他雖曾共事 3 個月，卻鮮有交往，連私下對話都寥寥無幾。他的憤怒從何而來，至今成謎。

那晚之後，我更加小心翼翼，也沒有澄清或了解事件，幸好我們的工作不是互相倚靠，毋須繼續合作。聽說他去了加拿大，而那個未解的謎，永遠定格在記憶中。

凡事有果必定有因，阿強不會無端端指着我來怒吼。現在學多了一點職間衝突後再回想當年，可能在慶功宴上，甚或慶功宴之前，我曾經有一些行為，或者講過一些說話傷害了阿強，導致當晚他的火山爆發。有如在［名校老師結怨］中，陳 Sir 的一句「這種事，換作是我便不做了！」很多時，我們不自覺地說了一些操控性、侵犯性句子，已經觸怒了對方但又未至爆發程度，正所謂言者無心聽者有意，我沒有傷害你的意圖，但你有被傷害的感覺。

當大家聽到好朋友對你說：「我覺得你應該⋯⋯」各位感覺如何？【附錄 3】是一些操控性、侵犯性句子，讀者不妨參考。

主觀感受與推論階梯

當你相信對方是衰人的時候，
總會不斷尋找證據，
支持他就是衰人的論點。

自我圓滿的推論階梯：偽結論的由來

「推論階梯」的概念，最早由哈佛大學管理及系統學者 Chris Argyris 提出，以階梯來比喻大腦由觀察、演繹、假設、結論和信念而決定採取甚麼行動、所經歷的 6 個階段：

i) 原始資訊或選擇性接收資訊；
ii) 演繹資訊（或將資訊賦予指定意義）；
iii) 作出假設；
iv) 產生結論；
v) 形成信念；
vi) 採取行動。

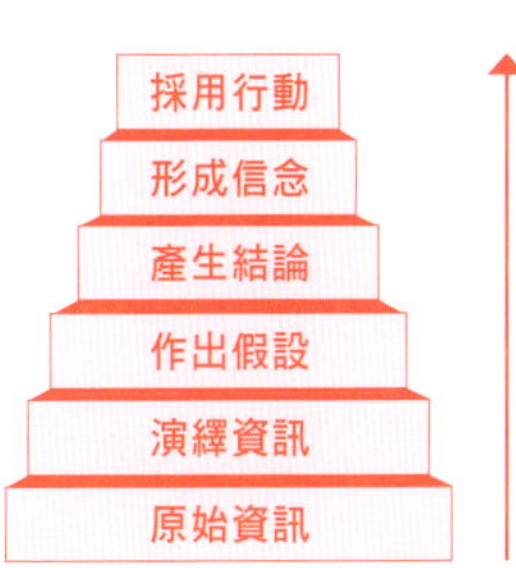

100 個人，可以有超過 100 種「真相」

分析衝突三角形有 3 個元素：
事件內容、情緒感受、處理過程。

調解大師 William Ury 說過：「每當遇上一個很棘手、很難搞的人，你可以幻想自己走出露台，用第三者的身份來看自己、看整件事情，以及思考為甚麼會有困難？分析露台下的你為甚麼會這樣？何以有這個反應？有甚麼可能的原因？可以如何突破當中困局？」

上述説話，正是提醒自己要在情緒即將爆發而主導行為前，馬上離開現場（包括行動上或思維上）；情緒匆忙來，也會自然去，只要在情緒高漲時能克制自己的行為，情緒自然會回復本來。自己能抽身來看一件事，是需要經過訓練的。

不同演繹，衍生不同結局

以下個案【職間衝突個案 8：幾十年拍檔，反面打官司】中的 Alvin，都是因為在「推論階梯」上走錯了，導致全盤推論錯誤，衍生許多謬誤的偏見、情緒和衝突，不但浪費時間及金錢打官司，亦破壞了多年拍檔的深厚交情與信任。

幾十年拍檔，反面打官司

職間衝突個案 8

多年前，兩位好友在內地開廠，Alvin 負責生產部分，Bill 負責營銷事務，拍檔幾十年所向無敵。最近 Alvin 提出自己年紀大了，不想再長期北漂，欲退休回家與妻享受人生，但又不捨將幾十年心血賣出去，於是向 Bill 提議：「不如叫我兒子來接手，好嗎？」誰知 Bill 聽畢，第一個反應便説：「吓？和你兒子做拍檔？免了吧！」

Alvin 為此很不開心，之後便提出拆夥，在過程中又產生更多誤會而導致互不信任，在審查帳簿、對公司估值上出現很多爭拗，結果浪費了 5 年本是逍遙自在的時間來打官司，最後還是經調解方式解決事件，除了時間、金錢和精神損失外，還賠上了建立多年的關係。

Alvin 眼中的真相

Alvin 將老拍檔 Bill 一句「吓？和你兒子做拍檔？免了吧」，演繹成對方看不起自己的兒子，認為他能力不逮。然後，再假設 Bill 為人虛偽，想吞併他的資產，如果自己不撤資，又無自己人落場，幾十年成果可能被 Bill 全吞去。

其實 Alvin 早已掉入一個**思維誤區**：當他認定 Bill 是衰人，他就只會「看到」Bill 是「衰人」的證據。愈查帳、愈分析，愈覺得 Bill 是「衰人」無誤。

Bill 眼中的真相

「我和 Alvin 稱得上是兄弟班，幾十年一起打拚，平起平坐，有福同享，有難同當。我可以理解 Alvin 想退休，也知道他兒子熟悉生產流程，但他平日叫我 Uncle，大家年紀和輩份不同，貿貿然叫他頂替 Alvin，大家變成平輩，萬一意見不合或處事手法不同怎算？難道要找 Alvin 出面擺平？為免將來大家難做，真的免了。」

「世事沒有絕對真相，只有不同演繹。」

有人會問：「每個成年人對事物必然有概念，是無可避免的，怎麼辦？」對，我們大部分時間都會有認知的概念和假設，只要別將我們的演繹確定為「肯定的事實」便可以了。經常提醒自己 "I can be all wrong"（我可能是錯的），會否是一句很好的護身符呢？

兩個相處幾十年的拍檔，就因為一句話鬧得不歡而散，甚至要浪費 5 年時間和近百萬元訴訟費用在法庭交鋒。所為何事？

甚麼是真相？100 個人，便有不只於 100 種的演繹方法，再衍生超過 100 種「真相」。

因為面對衝突，你有你的演繹，我有我的演繹；各自演繹後便不知袖裏地成為自己認為的「真相」，大家就分別按照「真相」作出相應的行為。科學地說，單方面的演繹便容易出現羅生門事件，所以千萬不要單靠自己去演繹所謂的真相，否則就像 Alvin 和 Bill 一樣浪費時間、承受昂貴訴訟費，甚至賠上幾十年交情。

ROY SIR 建議

❶ 凡事說清楚，不清楚的就要當面詢問，不能一廂情願地自己演繹。

❷ 重要說話要和對方面對面說，不能靠短訊或電郵，因為文字內容只能表達訊息大約 7%；也不要由別人傳話，因為沒有人會比自己更清楚自己想要傳遞的訊息。當然亦不能因一言不合就離開，否則只是懸空問題，而非清空問題。

❸ 既然「我可能是錯的」，後着便是抱好奇或者懷疑之心去求證我的演繹。「可否講多些為甚麼？」、“Help me to understand”（協助我了解一下）是另一句十分有效的句子。

❹ 溝通不能情緒化，要讓雙方都有機會說出自己的演繹及感受。先決條件是不帶負面情緒和批判態度，純粹以了解箇中原因的動機來發問。例如個案中的衝突，是由 Bill 一句「吓？和你兒子做拍檔？免了吧！」引起；Alvin 可以問自己：「為甚麼不開心，是否覺得自己兒子不被重視？令你感到不被尊重？」他亦可以請 Bill 說出那句話的真實原意：「你的反應是甚麼意思？可否分享多一點？」

一隻手掌拍不響

衝突，就是因為雙方對同一件事情有不同的演繹後，引發更多情緒。但所謂「一隻手掌拍不響」，Alvin 固然有責任問清楚老拍檔 Bill 那句話的意思，而 Bill 也不是沒有責任的，因為他簡單地拋下了一句帶有情緒的説話，便有責任將意思正確地帶給 Alvin，避免刺激對方胡思亂想。

溝通，永遠都是雙方的責任，雙方一起承擔後果。溝通，不在乎自己想説甚麼，最重要是對方「接收了甚麼」。

個案演繹：推論出來的錯覺

錯覺之所以被稱為錯覺，就是因為它只是由某角度的觀點堆砌而成的「真相」。以下是因錯覺而起，最後將錯覺擺脱，成功拆彈的個案：

年輕科主任的憤怒！（上）

職間衝突個案 9

Sam 是 Roy Sir 與 Kathy 職間調解課程的學生，他在第一日上堂分享了一個親身經歷：

早上，Sam 收到來自同事 Miss Chan 的電郵，一開首便質問他：「本校傳統，每年的實習老師都是聘請本校舊生，為甚麼今年你會找一個非本校舊生，而且是外籍人士來當實習呢？是否學校政策有所改變，煩請你交代一下！Thank you.」

Sam 當下既詫異又憤怒，為甚麼 Miss Chan 要發一個質問口吻的電郵給自己？還要向她交代學校政策！

Sam 表示兩人之間並沒深交，校內教職員普遍對 Miss Chan 的印象是經常會質疑別人的做法，同事覺得與她相處很有挑戰。

Sam 自問聘請這位外籍實習老師時，一切跟足學校的程序要求，亦經過多番與他的頂頭上司和校長爭取與討論，才能正式通過審批。誰知道，發電郵通知同事們將有實習老師上班三天後，便收到 Miss Chan 的「無理挑戰」。由於實習老師到任後會跟 Miss Chan 在職務上有交集，包括協助她在圖書館的管理工作，所以 Sam 憂心忡忡，擔心 Miss Chan 會對聘請外籍人士產生負面評價，因而影響實習老師的成績，於是馬上報告副校長，對方聽後只建議 Sam 可以這樣回覆 Miss Chan：

i)「我不在其位，無以奉告」；
ii)「這是學校政策，請向學校查詢」；
iii)「申請已經通過校方審批，正式通過。若有疑問，請直接向校長查詢」；
iv) 或對 Miss Chan 不瞅不睬，毋須理會。

如果依照副校長以上任何一個回應建議，都可能引起 Miss Chan 的負面反應，埋下衝突的伏線。

(i) 對抗會激化矛盾
(ii) 衰人錯覺

Sam 對 Miss Chan 有先入為主的衰人錯覺，只是根據二手資料便認定 Miss Chan 為人處事有問題，所以立即提升警覺性，同時擔心被衰人攻擊，馬上步步為營報告上司。

年輕科主任的憤怒！（下）

誰知道在上第二堂時，Sam 竟然在職間調解課堂上宣佈衝突事件已經解決了。究竟他用哪一招解決呢？大家看答案之前，不妨運用你已經建立的知識庫猜想一下？

原來 Sam 從課程中受到啟發，回家後發了一個措辭禮貌和客氣的電郵回覆 Miss Chan，表示了解 Miss Chan 想諮詢招聘非校友外籍實習老師一事，告知有關招聘程序完全按照學校要求。同時 Sam 亦主動向 Miss Chan 查詢特別關注此事的原因，並提出會盡力解答和協助她不明白、不了解之處。

學員能夠學以致用是我們教學的宗旨，每次聽到學員運用調解技巧解決衝突是對我們最大的鼓舞。

Sam 這封信寫得好！因為他已經擺脫了「Miss Chan 是衰人」的錯覺，能夠客觀持平地跟 Miss Chan 對話，也因此獲知真相。

原來 Miss Chan 非常擔心學校政策改變了，以後的實習老師只能從海外或本地外籍人士延聘，但她則沒有收到通知。最尷尬是，Miss Chan 剛好與一位舊生商談回校實習一事，如果忽然通知對方因學校政策改變而終止，實在難以啟齒！她又不敢貿然請示上級，唯有硬着頭皮向不相熟的 Sam 查詢。

Sam 了解實際情況後跟 Miss Chan 解釋，據他所知，學校並沒有更新相關政策，而他今次能夠打破傳統，邀請一位非校友的外籍人士擔任實習老師絕非輕易，過程猶如「過五關、斬六將」，經過多番努力及副校長幫忙遊說下，才得到校長拍板贊成。他之所以堅持捨易取難，是因為想實踐一個教學理念：讓學生提早擁抱多元文化（Cultural Diversity），親身體驗不同文化背景的互動教學模式。

反觀 Miss Chan 的擔憂，則出自一種對未來的擔憂，誤以為由 Sam 今次開始，以後每位實習老師都要找外籍人士。

首先，文字內容只是佔訊息所表達真正的意思 7%，而語氣和態度佔其餘 93%（語氣 38%、態度 55%）。由於電郵以文字為主，所以被錯誤演繹的機會極高，而 Miss Chan 可能為人心急，表達方式較直率，電郵未經修飾便發出。

溝通，不在乎你想說甚麼，最重要是對方「接收了甚麼」。

當 Sam 有被質問的感覺時，自然而然演繹成「對方是衰人」，跟真相漸行漸遠。幸好 Sam 遇上衝突期間正在學習職間調解課程，及時改變應對方法，成功拆彈！

其實，千萬別等有衝突時才學調解，這是另一種錯覺。我們應該在未遇上衝突前，就已經有足夠的知識儲備，這樣才能將不必要發生的衝突，透過調解技巧消除它於無形。大家覺得如何？

⇄ 過濾資訊：是大腦的優勢，還是缺陷？

都說人類大腦在資訊處理上有其獨特優勢，因為日常每一秒鐘就有數十億碎片資訊被人的五官接收；要輕鬆高效率處理海量資訊，大腦中的細胞網絡會依據我們的習慣、信念或喜好，自動替我們將海量資訊過濾、篩選，自動補充缺失了的片段，並將之歸類。

它的好處是省時省力，而且維持高效能。可是壞處也很明顯，因為主觀篩選不能跳出固有框框來了解事物的發展，亦有自圓其說的功能。即是，當你主觀相信一個人是衰人的時候，自然會聚焦於尋找他是衰人的證據，從而更確切地證實他是衰人的結論。

「當你自覺是受害者的時候，大腦總是努力去尋找被害的證據。」

「當你自覺幸福美滿的時候，大腦也只會接受到幸福美滿的證據。」

火爆型同事，無人拉得住

職間衝突個案 10

Polly 平時看似斯斯文文，也不大聲說話，但每逢遇上反對聲音，或有人向她提出不同意見時，就會即時扯火、高八度說話，像煤氣爐爆炸一樣，毫無先兆，嚇人一跳。

有次同事 Casey 跟她說：「我坐的位置很冷，冷氣出風口好像在你這邊，請問可以暫時拿卡板擋一下嗎？我打噴嚏打得鼻子快要甩了。」滿以為 Polly 會答應幫忙，誰知道她下一秒即站起來，像機關槍般對着同事們無差別掃射，「擋住了風口，冷風便會直接吹到我同事的座位呀！妳會冷，我同事就不會覺得冷嗎？今天放假改風口位，是否想她上班時冷死呀！」

這就是明顯的原始人反應：戰鬥！你們覺得 Polly 兇惡，但她真是大家想像中的惡嗎？或這只是大家自我假設的印象吧？

很可能 Polly 背後也有她的故事，只是沒有人敢於細問及聆聽，怕引火自焚。其實她可能從前在職場常被人欺負，所以養成火爆的戰鬥格，要維護自己的利益與面子罷了；她在事件中可能只想為同事發言，她會否是一位很關心同事的人？又或者以往會否有類似事情發生過，但因她沒有發聲而同事因此病了？有人想過還可以有很多的可能性嗎？

沒有真相只有演繹　而心念創造實相

人與人衝突的過程中，經常會有 3 種常見的錯覺（Illusion）：「衰人」的錯覺、「你死我活」的錯覺和「死路一條」的錯覺：

❶「衰人」的錯覺

當有些人的行為非我所願並令我感到憤怒，而我演繹對方是一個衰人的時候，便會愈用力尋找他是衰人的證據，去鞏固判斷他是衰人的結論。時間愈長，信念也愈深。

與此同時，對方會否也認定我是衰人呢？答案是肯定的。當我覺得對方是衰人的時候，對方也會覺得我是衰人。就像美國指控搭利班是恐怖分子的時候，能猜到搭利班會如何形容美國人嗎？這種情況，在職間、家庭、朋友之間經常發生，讀者覺得是嗎？

❷「你死我活」的錯覺

很多人直覺上認為，凡事的結果就像零和遊戲一樣，非贏即輸。因此，當對方有所要求，如果答應了彷彿就有成為輸家的感覺，所以我們不斷地想奮力保衛自身的利益，勇抗對方。然而，世事複雜，又怎能只是對與錯、非黑即白呢？

那種你勝我負、我生你死的思維，帶來恐懼的感覺，其實只是虛幻的錯覺。大家都忘記了，其實我們絕對可以尋求和創造共同雙贏的方案，讓每個人能獲得所需的利益。

❸「死路一條」的錯覺

這錯覺常常讓人感到沮喪和絕望，尤其在面對衝突、困難和挑戰時產生。很多時候我們對着某些人和事太快下結論，例如「他是老闆的親信，老闆肯定只會信他不會相信我的」或「我處於劣勢，我是弱者，已沒有任何希望了」；還有人會認為「這是傳統，我是永遠無法改變的」，這種認為沒有出路、不能改變的信念，往往決定了我們的行為，而重複的行為就會變成了我們的命運。

其實任何事情都有解決的可能性，只要有意向，必定有方法；如果沒有意向，必定有多多藉口。Roy Sir 想起當年在銀行負責債務重組事務，以及後來調解添喜大廈事件時，大多數人都認為這根本是沒可能。

特朗普（Donald Trump）首次參選美國總統時，有多少人會相信他能勝出？及後，他帶着被判有罪之身再次參選總統，無疑又一次改寫了歷史，讓原本看似不可能的一切變成可能。

美國禁止高級晶片出口至中國，期望打擊及阻止中國人工智能的發展，如果我們相信這是沒有出路，便真的沒有出路，DeepSeek 也不會出現而影響全世界；在本書出版時，相信有更多優秀的人工智能模型已產生了。

正所謂「山不轉路轉，路不轉人轉，人不轉心轉」，只要心念一轉，外間的世界也會隨之改變，只要願意，解決的方法必定比問題多。

基於以上不同的錯覺經常主導行為，包括逃避、戰鬥和放棄，Dan Dana 博士形容這都是錯誤的反射行為。要解決職場上的分歧和衝突時，我們需要學會將這些錯覺擱置一邊，才能找到更有效的解決辦法，並發揮其正面效果。

打破固定思維的 5 套實用工具

在前文中已經解釋了許多衝突和分歧都源於不同的錯覺，而這些錯覺也會引發對資訊的不同解讀，進而促使我們去尋找符合心中預期的答案，從而更加鞏固我們對這些錯覺的信心。那麼，如何才能打破我們原有的思維模式呢？以下有幾個工具供大家參考。

工具 1 表達與諮詢

當我們因為對方的某些行為、表情或言辭引起不滿時，以往的反應可能是反擊、指責或逃避。要打破這種模式，關鍵在於面對問題時進行有效的表達與詢問。例如：「其實我當時所說的話，真正想表達的意思是 …… 」、「同時我也很想了解一下，你是如何理解我所傳達的資訊呢？」

另一種表達方式可以是：「讓我先分享個人的假設 / 理解 / 結論，然後我很想認真地問你，當你聽到我的話並看到我的行為時，你的反應是甚麼？你是如何理解我的意思？是甚麼讓你產生了這些想法？」透過這種方式，我們不僅更清晰地表達自己的觀點，而且更好地理解對方的立場，從而減少誤解和衝突。

工具 2 延遲回應

每當你感覺到對方或 / 及自己情緒湧現（例如不安或憤怒）時，不妨試着稍為延遲 3 秒再做反應，這一小步可以讓彼此稍作冷靜，避免因為自己嘴巴比大腦走得快，因而可能開口得罪人。

「啊，是這樣！」、「啊，原來如此！」是 Roy Sir 常有的口頭禪，這些表達方式並沒有明確表示支持或否定的立場，同時，既能讓對方感受到被聆聽、被重視，並為自己製造多一點思考的時間，將衝動的反應轉化為更成熟的回應。

你也可以自由創作「金句」，但有時候保持沉默，在心中暗數「1、2、3」，靜默 3 秒後再作答也是可以的。（可參考【職間衝突個案6：當你遇上惹火尤物】）

工具 3 觀點核試

舉例說，平日與 Roy Sir 頻繁接觸的拍檔 Kathy 已有一段時間沒有跟他聯絡了，這或讓 Roy Sir 心裏充滿疑惑：「往常 Kathy 有事沒事都會打電話來跟我閒聊兩句，或是約我共進午餐，如今怎麼好像突然跟我開始疏遠起來，到底她是否對我有甚麼不滿？又或是我有甚麼得失了她？」

如果你是 Roy Sir，可以主動出擊釐清自己的疑惑，「嘿 Kathy！最近你沒有致電給我閒聊，是因為最近生活上有些煩惱？還是純粹不想跟我聯絡呢？」或者可以問：「喂 Kathy！我注意到你最近很少跟我聯絡，是否經常加班沒有時間？還是有其他因素？」

為甚麼要給出兩個理由？這樣做可以讓對方很自然地二選一，或者全盤否定，接着你便可以繼續追問：「兩樣都不是，那情況是甚麼樣？」如果僅僅詢問一個原因，這就變成了一條封閉式問題（Close-ended Question），對方可以只拋下一句簡單的「是」或「不是」，對話便完結了。

為甚麼我們要進行觀點核試呢？首先，每個人的腦袋中往往有很多疑問及未經澄清的想法，但又未必願意與其他人澄清。例如，Kathy 可能最近有很多心煩事，情緒比較低落，不想參加飯局。如果 Roy Sir 有足夠耐性和技巧，就能更加接近真相，並能及時給予安慰。

其次，人往往會跟隨自己的內心觀點而去追尋證據，進而自我實現。當抱着「對方是衰人」的想法時，便會自動過濾訊息，只收集「對方是衰人」的證據，用以支持自己的觀點。例如 Roy Sir 可能會想：「她一定是討厭我，所以不想跟我一起吃飯」。正如當碰到心儀的異性經常在你面前出現時，也難免會胡思亂想，感覺他 / 她對你有意思，隨後不斷「發現」你被喜歡的「證據」；但如果未經觀點核試，這些想法很可能只是你一廂情願而已。

工具 4 角色調位

例子 3

Annie 的生意拍檔 Percy 最近幾乎沒有蹤影，多次找她商討開展新計劃均不果，Annie 對此一肚子牢騷，感到非常不滿。後來聽到原來 Percy 的上司不幸病逝了，Annie 易地而處也不敢貿然打擾，因為她深知 Percy 現在既要署任上司職務，又要穩定自己和下屬的情緒，這樣的情況肯定要一段時間才能回氣，若然換作自己，也是如此。

例子 4

一位公職人士（例如某業界的會長）站出來代表會方發言時，他所表達的是以公職身份和會方的利益為大前提，這可能跟他平日的私人意見不完全一致。我們不能因此而指責他虛偽，因為這是他的職責需要而已。

這就是角色調位的意義，能夠站在對方的立場出發，設身處地考慮他們的困境。

工具 5 角度多面睇

半杯水是「半滿」還是「半空」？這純粹是角度問題，就像數字「6」和「9」一樣，從不同的視角看，答案可能截然不同。常霖法師經常喜歡問受眾：「大門在你們的哪個方向？」有些人回答在背後，有些則說在前面，大家所說皆是事實，因為每個人的觀點和位置不同，所見的「事實」便會有千變萬化。理解這一點，就能輕鬆地突破固有的思維，走出框框。

情緒是解決問題的動力

先處理心情，
才能夠平靜理智地解決事情。

大腦的運作可以分為兩個主要系統：情緒系統（系統一）和邏輯系統（系統二）。顧名思義，情緒系統主要受到情感的主導，而邏輯系統則是以理性和邏輯思考為驅動。

情緒系統（系統一）

情緒是一個特殊的自動評估過程，受到我們的進化演變和個人經歷的影響。在過程中，我們意識到一些對我們的福祉很重要的事情正在發生，而一系列的心理變化和情緒行為開始處理這種情況。

——美國心理學教授埃克曼（Paul Ekman）

埃克曼教授指出，情緒能幫助我們在不經思考的情況下迅速應對各種情境。舉個例子，當有一輛汽車向你衝過來時，你毋須思考便會本能地逃跑避開，觸發行動的正是對受傷的恐懼情緒。「初生之犢不畏虎」，其實是因為牠們尚未認識到老虎的危險性，因此才不會激發恐懼。有一個孩子從小就和老虎一起生活，在他眼中老虎就是朋友，而非兇惡的猛獸，這位小孩的名字就是電影主角「泰山」。由此可見，我們的情緒實際上是受到知識、觀點和概念的主導。

與情緒共舞

每當發生某件事情時，我們的內心會自然而然地根據自身的知識、經驗、觀點和概念形成各種想法，這些想法進而引發情緒，並最終表現在行為上（參考後頁【表 4：內心活動（內在）vs 行為表現（外在）】）。埃克曼教授指出，這些知識、經驗和觀點都是主導情緒的關鍵元素，而情緒則在無形中指揮我們的行為。然而，擁有情緒並不是壞事，反而可以成為一種驅策我們持續成長的動力。我們可以學會「與情緒共舞」，透過思考來調整自己的行為和反應。

坊間時有發生女士們後悔花費巨額購買 3 至 5 年美容或減肥套票的事件。推銷者在勸購時，往往會先誇大她們目前狀態是如何不堪，繼而為她們編織夢想，讓她憧憬使用服務後，自己的容貌或身材會顯著改變，像眼前的模特兒一樣，不僅吸引異性的目光，甚至其他女士亦會投以羨慕的眼光。在這情境下，正是情緒系統主導了購買的行為，而理性的邏輯系統完全被壓制下去。

情緒不是壞東西

情緒是人類心理的自然產物，與其讓情緒主導我們的行為，不如學會理解當下的情緒，從而更清楚地知道負面行為的根源。

在學習調解的過程中，其中一大寶藏就是學會如何與情緒共舞，尤其是在調解或協商式談判的過程，保持冷靜與中立是非常重要的。擁有情緒是正常不過，本書將幫助我們拆解情緒，掌握化解衝突的能力，進而提升職業運勢與人際關係。

當我們察覺到某種負面情緒（Negative Emotion）時，追溯其背後的觀點（Perception），將有助我們修正思維，從而將情緒轉化為正面的力量，創造更美好的命運。一般未經訓練的人，往往無法從行為表現中洞察情緒，並進一步推論出其內心活動，因此改變行為的過程會變得更加困難。

警方談判專家是如何工作？

曾經與資深的警方談判專家交流，意識到調解與警方談判之間存在一些相似的技巧與概念。據我理解，當警方接報有人企圖跳樓時，談判專家趕到現場，面對企跳者時不會勸他「別跳下去！」；他們的首要任務是先與企跳者親切溝通，建立關係，繼而了解背後發生了甚麼事情，以及甚麼驅使他做出這個決定。

第一步 首先，談判專家需要百分之百臨在，不帶半點批判地聆聽案主的經歷，了解事情始末，以及當中感受。

第二步 倘若案主情緒激動、無法自控，談判專家會努力與他同行，感受他的情緒：「我能感受到你此刻的沮喪與失落，事情讓你感到很憤怒，甚至覺得自己很無辜、很冤屈」，透過共鳴讓對方感受到被聆聽、被理解和被尊重。

第三步 當案主的情緒稍微冷靜下來，他才可以稍微理智地思考談判專家的引導問題，例如「有甚麼令你會這樣想呢？」、「你希望達成甚麼樣的結果？」透過開放式提問，促使案主表達自己的想法；這樣一來，談判專家便能深入了解案主的內心世界，並獲取更多資訊以便做出相應的反應。

第四步 面對案主的負面情緒，談判專家會同時採用多種技巧，包括本書第 3 章提及的句子重構技巧，以梳理他的感受，並引導他從多角度看待事件。

第五步 當理解案主的信念、情緒被整理後，談判專家會嘗試提供其他可能的信念，因為不同信念會引導出不同行為，只要案主接受另一個新信念，就有機會展現出不同的行為選擇，包括打消自殺念頭。

街坊街里看到談判專家成功説服企跳者自願走下來，似乎像電影橋段般簡單；然而，談判專家的團隊在幕後其實做了大量準備功夫與努力，解開了案主心中的結，幫助他重構對事情的看法、緩和情緒，並主動尋找更好的選擇。簡而言之，改變信念便可以引發行為的轉變。[1]

在職場中，不同的情境、事件或觀念會引發特定的情緒。以下列表是一部分行為背後常見的情緒，所觸發的內心觀感或因素：

表 4 內心活動（內在）vs 行為表現（外在）

內心活動（Perception）	情緒（Emotion）	行為表現（Behavior）
與同事、上司或客戶發生衝突，受到不公平對待。覺得被冒犯、被忽視或不被尊重。	憤怒	與對方爭吵、言語攻擊、拒絕溝通、故意拖延工作進度，或故意不完成任務。
工作量大、期限緊迫、責任重大、資源不足。覺得自己無法應付，擔心無法完成任務。	壓力	工作效率下降、容易分心、頻繁犯錯、容易發脾氣、加班或逃避工作。
對未來的不確定性、害怕失敗、擔心被評價或批評。覺得自己無法掌控局面，缺乏安全感。	焦慮	過度準備、反覆檢查工作、猶豫不決、避免挑戰性任務。

1 警方談判專家是經過嚴格的訓練和考核，才能在前線處理這些危急事件，因此大家切勿輕率嘗試處理這類嚴重事件。

內心活動 （Perception）	情緒 （Emotion）	行為表現 （Behavior）
遇到困難、挑戰、失敗或資源不足。覺得自己無法克服障礙，感到無力或沮喪。	挫折感	頻繁抱怨工作環境或同事、批評同事的表現、工作得過且過、不願面對挑戰、放棄任務。
重複性工作、缺乏挑戰性或成長機會。覺得工作單調無趣，缺乏動力。	厭倦	對工作缺乏熱情與興趣、敷衍了事、尋求轉職或調動、找藉口推遲工作或避免某些任務。
同事獲得升遷、獎勵或認可，自己卻沒有。覺得不公平，認為自己應該得到同樣的機會或待遇。	嫉妒	貶低他人、競爭心過強、不願合作、散播謠言，抹黑詆毀，對他人的成功表現出冷漠或不屑。
犯錯、失誤或在公開場合出醜。覺得自己表現不佳，擔心被他人評價。	尷尬	避免與他人互動、過度解釋或道歉、缺乏自信、迴避與他人眼神接觸、試圖迅速轉移話題。
達成重要任務或目標、獲得讚賞或升遷。覺得自己的努力有價值，感到自豪和滿足。	成就感	積極主動、願意接受新挑戰、分享成功經驗、幫助同事。

內心活動 (Perception)	情緒 (Emotion)	行為表現 (Behavior)
與團隊合作融洽、獲得支持、感受到認同。覺得自己是團隊的一部分，感到安全和被接納。	歸屬感	積極參與團隊活動、主動協助同事、提出建設性意見。

這些行為可能因個人性格和環境而有所不同，但理解情緒與行為之間的關係，有助更好地管理自己和工作團隊的情緒，創造更健康的職場環境。

情緒系統是由情緒主導

1995 年，美國心理學家丹尼爾・高曼（Daniel Goleman）在他的著作《情緒智商》(*Emotional Quotient*) 中，首次提出了「杏仁核騎劫」(Amygdala Hijack) 這一概念，並首次顯示 EQ > IQ（情商超越智商）的可能性。

杏仁核（Amygdala）位於大腦底部，屬於邊緣系統，因其形狀像杏仁而得名。它是情緒的油門，主要負責管理焦慮、急躁、驚嚇和恐懼等負面情緒，因此被稱為「情緒中樞」或「恐懼中樞」。

當情緒系統（系統一）活躍時，邏輯系統（系統二）就會被暫時按下暫停鍵。因此，當一個人的情緒非常高漲時，無論你如何解釋誤會、公司政策或其他大道理，對方可能都無法真正聽進耳；只有當情緒降溫後，大腦才能重新啟動理智的邏輯思考，進行更客觀的判斷。

我們通常更傾向於使用情緒系統，因為邏輯系統需要耗費大量的能量去思考，相反，跟隨情緒行事則輕鬆很多。然而，在情緒高漲時所做的決策，往往會讓人感到後悔。回想一下，當我們購買昂貴物品時，大多數是懷着歡欣開心的情緒，又例如前文提及因憧憬外表變好而簽下長期的美容 / 減肥療程套票，這些行為背後都是情緒的驅動；許多詐騙行為也是利用我們的恐懼、狂喜或溫馨感覺，進而開始騙財、騙色、騙情。

負面情緒往往比正面情緒多出幾倍，所以當我們遇上意見分歧時，容易產生負面情緒，並進而引發負面的行為。因此，了解自己當下的情緒，探索其來源，與情緒共舞，並嘗試培養不同的觀點，從而產生新的情緒；善用情緒，能有效提升我們解決衝突的能力。

當杏仁核騎劫邏輯系統

邏輯系統（系統二）

如果問你「3×5+12-6=？」，你可能會像小學生要停一停、想一想；而這暫停一刻、開動思考機器，就是邏輯系統開始運作的時候。相比之下，邏輯系統比情緒系統要花更多腦汁、更多能量來運作，人類大多有惰性，因而選擇不去思考。

有趣的是，當情緒系統高漲時，邏輯系統是無法同時運作。只有當情緒冷卻下來，邏輯系統才能重新開啟。讓我們來看看這個過程的例子吧！

三歲小孩的啟示

生活衝突個案 1

James 與 Rocky 及他的家人一起去餐廳享用午餐。餐桌上，大家有説有笑，氣氛輕鬆愉快。期間 Rocky 帶他三歲的孩子上洗手間；時間一分一秒過去，兩人久未回來，其他人開始好奇，難道洗手間裏發生了甚麼事？終於，Rocky 帶着一個失控啼哭的孩子回來了。

孩子一看到媽媽，立刻從爸爸的懷抱中掙脱，像小箭一樣衝向媽媽的懷裏，哭着大喊：「我要回家！不要在這裏！」Rocky 無奈地搔着頭，尷尬地回到座位，向 James 解釋這場「災難」。

「當我們要離開洗手間時，孩子想自己開門，但我剛好開了。為了讓他開一次，我關門讓他再試，但他仍不高興。於是我們就在洗手間門前『對峙』，最後我只能強行把他抱回來！」

媽媽聽完，微微一笑，然後抱着孩子，輕輕撫摸他的背，溫柔地問：「你是不是很生氣爸爸沒有讓你先開門？在你還沒完成開門的時候，就把你帶回來了，是吧？」

孩子的哭聲漸漸減弱，媽媽繼續説：「你覺得爸爸應該先問你，是否想自己開門，對吧？你不希望爸爸在你還沒準備好之前，就把你帶進餐廳，是嗎？」

隨着媽媽的引導，孩子的情緒越來越平靜。媽媽接着問：「那你事先有告訴爸爸你想試着開門嗎？如果沒有，爸爸怎麼知道呢？還有，如果爸爸一直留在洗手間門前，媽媽會擔心的，那又該怎麼辦？」

經過一連串的提問，孩子慢慢明白了事情的真相。在媽媽的鼓勵下，他轉身向爸爸和 James 叔叔道歉，聲音雖小卻誠懇。

Rocky 笑着拍拍孩子的頭，說：「下次預先告訴爸爸，這樣我們就能一起享受開門的樂趣了！」全家人都忍不住笑了出來，氣氛再次恢復輕鬆和愉快，大家繼續午餐。

在這個常見的家庭場景中，我們看到了兩種截然不同卻各具智慧的情緒處理方式，生動展現了教養孩子時情緒管理的重要性。

這位父親的表現已經相當難得，對孩子的情緒爆發，他展現了三個關鍵教養特質：首先，他克制了本能的反擊衝動，既沒有責罵，更沒有體罰，這打破了「以暴制暴」的傳統教養模式；其次，他保持理性，反覆向孩子解釋不可改變的事實，幫助孩子建立現實感；最重要的是，他以靜制動，用包容的態度陪伴孩子宣洩情緒，最後為免影響商場的其他使用者，才無可奈何地強行抱孩子回餐廳。

而母親則示範了更進階的情緒教養技巧。她先是微笑，然後抱着孩子，這個簡單的動作已經傳遞出「我在這裏陪你」的安全感。輕輕撫摸他，舉動看似微小，卻是向孩子傳遞關懷的訊息。接着，她進行了一系列專業的情緒輔導：準確辨認孩子的情緒、用語言幫助孩子表達感受、耐心等待情緒平復，最後才進行認知教育。這種「先處理心情，再處理事情」的步驟，完全符合現代兒童心理學的主張。

這個案例給我們三大啟示：

第一，情緒沒有對錯，重要的是如何回應。父母的情緒教養方式，直接影響孩子未來處理衝突的能力。當孩子的情緒被真正理解時，破壞力就轉化為親密感了。

第二，教育時機至關重要。在情緒高漲時講道理是徒勞的，唯有等待「情緒腦」平靜後，「理性腦」才能發揮作用。這也是為甚麼母親要等到孩子聲量變小才開始引導。

第三，最好的教養是提供「支架式學習」(Scaffolding)。父母不是要幫孩子解決問題，而是像這個案例般，引導孩子思考下次如何做得更好，培養孩子的問題解決能力。

孩子每一次的情緒爆發，都是幫助他成長的契機。當我們學會用建設性的方式回應，就能像案例中的父母那樣，將衝突轉化為建立親子關係的珍貴時刻。

在這個強調認知能力的時代，我們更需要認識到：情緒教養不是軟實力，而是孩子未來幸福的關鍵競爭力。正如心理學家 John M. Gottman(約翰·高特曼)研究發現，能夠準確識別並回應孩子情緒的父母，他們的孩子在學業、人際關係甚至身體健康方面都有更好的表現。這個餐廳裏的小插曲，正是情緒教養重要性的最佳寫照。

假如父母不懂情緒管理，這個家庭的未來又會是如何？

說到衝突管理，有一點我們是不可不知道的：當面對的壓力增加、皮質醇水平飆升時，亦是情緒系統騎劫邏輯系統之時，大腦根本無法保持清晰的思考，或回憶重要的信息，甚至會誇大一些負面想法，導致錯誤的判斷。只有當皮質醇水平下降後，我們才能更有效地回憶起相關的信息。因此，在進行有效的衝突管理時，我們必須先處理自己的情緒，盡快讓它平靜下來，也要避免與對方硬碰硬，釀成不必要的糾紛。那麼，究竟如何才能做到呢？

首先，我們要先「補底」：在進行任何調解會議前，先跟自己進行調解。（本書【第 3 章第 3.10 節「為何引入 ISE 自我充權」】中會有更詳細的建議。）

幾十年夫妻，吵足幾十年

生活衝突個案 2

在婚姻生活中，夫妻之間耍花槍，有人覺得是增添情趣的方式，但對另一些人而言，卻可能是揮之不去的痛苦。其實，這些爭執很多只是芝麻綠豆的小事，例如擠牙膏的方式、青菜的烹調程度應爽身還是腍身、睡覺時老婆搶了大半張被子、老公放工回家後只顧閉目養神，沒有第一時間關心老婆及幫忙做家務，甚至忘記了在結婚紀念日訂餐廳慶祝等。

讓我們來看看夫妻雙方的心聲：

老公版本

「工作實在太忙，回到家實在累得不想碰家務。有時候無故被上司責罵，心情也不好，希望老婆能捧上一碗熱湯，溫婉地安慰陪伴一下。可是老婆不僅不聞不問，還要板着面地忙着做飯，彷彿是我虧欠了她。」

老婆版本

「在家忙了一整天，既要做家務，又要照顧孩子、輔導功課。原本想向老公訴訴苦、撒撒嬌，被老公溫柔地欣賞一下，卻只見他懶洋洋地對我不理不睬、視而不見，彷彿我在家無所事事，毫無貢獻一樣。他一定是變了心，已不像拍拖時那麼愛我了！」

由於期望的落差和種種錯覺，足以勾起負面情緒，並引發破壞性行為（詳見【表 4：內心活動（內在）vs 行為表現（外在）】）。其實，若大家能易位思考，問題就容易解決得多。透過表象來看見真相，或是從行為去理解對方的情緒，雖然有難度，但透過學習調解技巧，不僅可以改變自己的行為，也能激發身邊人的改變。

每個硬幣有兩面，半杯水也可以象徵幸運或不幸。如果將小情緒放大，讓情緒凌駕於關係之上，那麼我們眼中的另一半就會永遠是錯的，婚姻也就難以幸福，人生也會變成像自己預先設定般，成為悲劇。

你想管理情緒，還是被情緒「管你」？

演繹決定真相，情緒決定行為。

現在我們都知道當一方情緒高漲時，不論用甚麼邏輯和道理來説服對方也是毫無效果的。因此作為旁觀者（或第三方），我們可以做的，就是陪伴與靜心聆聽對方的心聲；在適當時機，可以試着代入他的處境，從而了解他的情緒，並大膽表達出他當下的情緒。這並不意味着我們必須認同他情緒高漲的原因或表達方式，而只需要努力去理解他當刻的感受，無論是憤怒、自卑、內疚、無奈、抑鬱，還是任何其他情緒。

同時，我們不必擔心會誤解他的情緒，因為倘若我們的理解不正確，對方自然會進行修正；如果我們的表達正確但不夠全面，他也會補充更多的資訊。重點在於，當他感受到自己的情緒被理解、處境被體會時，你自然成為了他的知音，他的情緒也會逐漸平靜下來，掌管理性的邏輯系統才會開始運作。這時，就可以進一步和他探討事情的來龍去脈、優劣成敗的後果，以至將要付出的代價等。

假如是自己情緒高漲，亦可以學會與自己進行對話，承認自己有情緒，並接受這種情緒狀況，從而與內在的自己進行和解。因為行為源自情緒，我們需要時間來練習 ISE（Inner Self Empowerment）。（本書【第 3 章第 3.10 節「ISE 的三個操作步驟」】中有更詳細的介紹。）在初學的階段，我們可能難以在衝突的瞬間控制情緒，但我們卻可以控制或改變我們的行為。我們會選擇建設性還是破壞性的回應？

物管調停漏水事件

生活衝突個案 3

某月，小夫妻 YS 和 JJ 發現家裏廁所的天花漏水，跟物業管理處打完一輪交道，終於被告知漏水問題是因為樓上同一單位的廁所水管破裂。基於物管規定，要訂好日子，申請搭棚，出大廈通告，才可請師傅上門修理。

唯等待期間，廁所天花漏水程度惡化，由最初每分鐘幾滴，到十幾滴，再升級為幾十滴…… 再這樣下去，滲水豈不是會破壞內牆、外牆及更多屋宇結構？兩人十萬火急地打給管理處，他們即時派人來視察，同意情況緊急，並馬上請樓上住戶暫停洗澡及使用廁所水，但對方拒絕，表示會帶來生活上不便。

以下有兩個可能結局：

【結局 1】吵鬧收場

樓上堅稱他們有權不關掉水喉，因為影響生活便利，太太 JJ 聽完「把幾火」：「他們怎可以這樣自私？」物管說：「我們無權強制樓上怎樣做，處理需要一些時間！」JJ 反駁：「你們怎可以這麼官腔？滲漏會影響屋宇結構的！到時候是否由你們負責金錢損失呢？」

【結局 2】和氣收場

丈夫 YS 知道太太較火爆，下班後親自上樓與鄰居打交道。YS 首先表達理解關掉水喉，會影響生活便利，當對方願意聆聽時才講出自己目前要解決燃眉之急，然後開始賣慘，說太太日日抹天花，又擔心業主不肯付錢修理，幾乎被迫瘋了，他成為出氣袋；兩個男人只是交換了一個眼色，說話便有默契起來了，上層的鄰居願意暫時關掉水喉，每次洗澡時才打開，盡量減少使用時間，減少對雙方的影響。

行為才是重點，我們唯一可以控制的也是行為，只要不讓情緒取得指揮權，我們就可以用主動或被動的建設性行為，導引事情向好發展。否則被那小小的杏仁核騎劫了邏輯系統，就可能口不擇言，只會做出破壞性行為，引發報復循環，令事情愈鬧愈僵。

負負得「負」

我們已經了解，負面情緒往往會引發負面行為。在 1998 至 99 年間，美國 Ecker College 的 Leadership Development Institute（LDI）進行了一項職間調查，由首份研究報告列出了 20 種常見的破壞性及建設性行為，到第四份報告最後歸納出 8 種常見的破壞性行為，以及 7 種建設性行為，其中又細分為主動（Active）能被看見的行動，及被動（Passive）自我內心的處理。

這項研究的目的，不僅是讓我們學懂以上的分類，更重要是幫助我們深層了解自己日常面對衝突的回應是屬於建設性或破壞性。

表 5 15 種衝突回應方式

	建設性行為	破壞性行為
主動行為 （被看見的行動）	1. 易位思考 2. 創造方案 3. 表達感受 4. 主動出手	1. 勝不饒人 2. 展示憤怒 3. 抹黑詆毀 4. 籌謀報復
被動行為 （內心的處理）	1. 自我反思 2. 延後回應 3. 彈性包容	1. 逃避面對 2. 姑息養奸 3. 隱藏情緒 4. 自怨自責

如果你發現自己在面對衝突時，習慣傾向採取破壞性的回應，或許你會理解為甚麼衝突總是伴隨着自己。如果想有所改變，可以在衝突發生的時候，主動調整自己的反應，從破壞性的態度、表達方式、言詞、行為，轉向採用更具建設性的回應。

就像前文【生活衝突個案 3：物管調停漏水事件】中提到，有些表達方式確實是絕對的破壞性，對彼此的關係造成強大殺傷力。例如太太 JJ 的「他們（樓上住戶）怎可以這樣自私？」和「你們（物管）怎可以這麼官腔？」等言詞，不論誰聽了，不被「焫着」才怪。

不易被情緒牽引

我們總以為：自己產生負面情緒，是因為別人「焫着」我們。然而，之所以會產生負面情緒，其實是因為自身的情緒系統所驅動。這個情況是非常正常，重中之重反在於選擇回應的方式：是建設性？還是破壞性？

要控制情緒，改變思維，與負面不安情緒共舞，都是需要時間慢慢磨練的。道行高的禪師正是經歷長時間修行，才不容易被情緒牽引，但亦非一定不被觸動。然而，改變行為的方式卻相對簡單。當看完這本書，理解其中的精髓，加上「你願意」改變處理分歧的方式，就能馬上選擇作出改變，從而改變你的命運。

本書出版的目的，就是希望讓每個人都可以掌握基本的職間調解精髓，無論是否認可調解員或專業人士，也能以科學的方式處理衝突。縱使不一定能達到百分百的圓滿結局，但至少可以避免衝突事態持續升級，並且能讓工作目標有序地完成。

適合職間調解的 4 個原則

在本書中，我們將職間衝突定義為兩位同事之間的衝突，而非部門之間的對立。並且必須符合以下 4 個原則：

i) 這兩位同事之間的工作關係必須是彼此相關或互相依賴的（Task Interdependent）。他們可以是平級同事，或上司與下屬的關係；

ii) 雙方均認為對方犯了錯（假如只有一方覺得對方錯，而另一方承認及接受自己是犯錯，這便不構成衝突）；

iii) 衝突已經引起至少一方或雙方感到憤怒；

iv) 最關鍵條件是，衝突必須已經對機構、部門或單位的正常運作造成**業務影響（Business Problem）**，包括員工士氣或客戶關係等。

劇情重溫，鞏固知識

1【職間衝突個案 7：名校老師結怨】

在這個階段，不妨回顧陳 Sir 與 Miss Li 的個案，是否符合解決職間衝突的 4 大原則：

i）**互相關連的工作關係：**

- ☑ 教學上需要合作

ii）**雙方都覺得對方犯了錯：**

- ☑ 陳 Sir 覺得 Miss Li 為人小器、心胸狹窄、無禮貌，當眾侮辱自己
- ☑ Miss Li 覺得陳 Sir 為人冷漠，不理解同事，説話挑剔、尖酸刻薄

iii）**雙方都感覺憤怒：**

- ☑ 各自向校長投訴對方

iv）**造成事務影響：**

- ☑ 其他老師處於他們之間，左右做人難，關係變得尷尬，影響教學團隊日常的合作

破壞性行為可致衝突升級

兩位老師都曾表現出明顯的破壞性行為：

壓抑情緒，跌落懸崖（Hiding Emotion）

Miss Li 面對一些想不通的事情，閒聊時向同事陳 Sir 吐苦水，卻換來一盆冷水，Miss Li 頓感無癮但一點也沒有向陳 Sir 表達。

陳 Sir 試圖送上朱古力來緩解前一天的失言，不料被 Miss Li 一手掃在地上，當眾丟盡面子，心想女生真的特別小器；雖然陳 Sir 表面沒説一句話，實則衝突已經悄然在內心進一步激化。

在職場上，壓抑個人情緒表面上看似是一種對上司或不熟悉的同事的禮貌，但其實可能自製了情緒陷阱；一旦被困其中，累積怨氣，最終形成對方是「衰人」的幻覺，直至累積到某個點，就像水雷般，

一旦接觸即大爆發！所謂「忍一時風平浪靜，退一步海闊天空」，但如果退十步呢？會否跌落懸崖？長期壓抑情緒，不僅身心受創，還可能演變成情緒病。

表達憤怒，惡性循環（Display Anger）

Miss Li 一手將朱古力掃落在地上，還當着教員室的同事們公開對陳 Sir 說：「哼，誰在乎你的禮物！」

這種展示憤怒的方式，往往會觸發對方以相同形式回應，而且會像雪球般愈滾愈大，愈演愈烈，最終演變成一場惡性循環的對抗。

建設性行為可改善溝通、良化關係

表達情緒、禮貌溝通（Express Emotion）

在表達內心想法時，選擇以不指責、不埋怨的方式，平和地表達出來。這樣的方式既不是死忍着情緒，亦不會「谷到爆」，也不是發脾氣，損害彼此的關係，而是開展真正的溝通，讓對方理解你的感受。剛開始練習表達的時候，很多人可能會覺得氣氛有些尷尬，難以啟齒，但只要明白溝通的原則和因果關係，隨着練習的增加，表達會變得越來越順暢自然。

感受是屬於個人的，無人能否定，例如在上文的「Roy Sir 辣評：未解的謎」中，即使阿強不太禮貌去表達他內心的感受，但他只是說「我頂你唔順啦！」縱使 Roy Sir 不開心也是無可奈何。

2【職間衝突個案 6：當你遇上惹火尤物】

創造其他建設性行為

延後回應

Karrie 面對 Jessy 突然發飆時，雖然她內心感到很驚訝和僵住了，但沒有馬上生氣還擊，反而利用短短 3 秒鐘冷靜期，整理好思緒，進而以平靜的方式與 Jessy 進行對話，這一方法的確有效地為現場衝突降溫。

創造方案

接着，Karrie 提出：「希望你能借我 3 分鐘時間，把櫃子裏的東西搬出來就好。謝謝。」也為雙方創造了一個迴旋的空間。

另外 Roy Sir 亦建議，有時候還可以向對方說：

「我要去方便一下，回來馬上和你談談。」

「不好意思，我先回覆客戶的電話，回頭再跟你討論。」

「對不起，可能是我表達得不夠清楚，請問你有沒有一兩分鐘給我再解釋？」

此外，亦可以一邊深呼吸一邊由一數到三，讓自己的情緒系統冷卻下來，從而啟動理性的邏輯思維處理衝突；若情緒仍未能平復，便再數一遍，直至平靜為止。

要切記，學習採取建設性行為及避免破壞性行為的同時，我們也要留意自己同樣有特別容易被人「焫着」的「火爆點」(Hot Button)。一個人的「火爆點」取決於他的性格、個人經歷和當前處境，預先了解個人最敏感、最容易被刺激的「火爆點」，才可以學習當「火爆點」被觸動時，如何以建設性行為回應，而不是陷入破壞性的行為中。

用善意的行動打破惡性報復循環

衝突現場，所有人的情緒系統（系統一）都很容易被燒到熒焓焓，面對只會展示憤怒、咄咄逼人的對方，唯有善意的表達，才有機會打破系統一的無限循環。

「握握手，做個好朋友。」這不就是我們童年時學到處理衝突的第一條規則——以善意行動打破報復循環嗎？

衝突並非只是人類社會中的現象，野生動物每天在大自然中都在經歷生死存亡的挑戰，例如爭奪食物、地盤或配偶的情況常常會發生，這樣的打鬥是無法避免的。在這樣的情境，弱勢的一方如何盡量減少傷亡？

動物似乎天生就擁有一些衝突管理的智慧。比如，當兩隻狗經過一番相鬥及廝殺後，若其中一方意識到無法勝過對手，知道只剩下「三十六計，走為上計」的選擇時，處於劣勢、無路可逃的狗會做出一些出乎意料的舉動：躺在地上，翻出肚皮，目的是向對方示弱，有如人類揮手扯白旗般「舉手投降」。

勝利一方受自發性的神經機制**抑制反射（Inhibitory Reflex）**引發下，通常不會對示弱的一方趕盡殺絕，並產生了惻隱之心，放過對方。

示弱的狗彷彿明白，唯有如此才有機會狗口餘生。當然，在露出肚皮的同時，牠也會巧妙地用四隻腳撐住，保護身上最脆弱的部位。通常情況下，強勢的狗會繼續對牠吼叫，算是給予一點顏色；但當勝方假裝將目光轉向其他地方時，敗方就會馬上彈起來趁機逃走。這種行為展現了在衝突管理上，如何通過巧妙的行動來打破報復的循環。

我們也可以在適當時刻同時加入建設性行為（參看【表 5：15 種衝突回應方式】等選項。）

讓我們來看看經典的例子吧。

接手家族生意的內心掙扎

職間衝突個案 11

大少的自我批評

「阿媽希望我打理家族企業，為甚麼我會這麼倒霉，這麼辛苦！明明這不是自己喜歡的工作，已經勉強讀完 MBA 課程，也回家挑起重擔，卻還要面對兄弟姐妹和管理階層的批評和指指點點，總是說我做得不夠好！那為甚麼要我回來幫忙呢！我發展個人的興趣不是更好嗎？唉！每天都被批評，難道我真的表現如此差勁嗎？」Arthur 作為大哥，回歸打理家族生意看似威風八面，其實內心無時無刻不停掙扎和自我懷疑。

大少的自我反思

「我這樣盡心盡力工作，為甚麼還會被指責？到底哪裏出亂子？是我沒有清楚及有效地向兄弟姊妹解說我的想法？還是他們沒有理解我的出發點？我可以如何調整我的解說內容、方式、時機、地點？」Arthur 認為面對挑戰，山不轉路轉，路不轉人轉，解決辦法必定比困難多。

自我批判是一種具有破壞性的行為，往往讓我們陷入自怨自艾的漩渦，進一步傷害內心，一路被負面情緒牽引，隨之而來就是放棄、反抗、躺平、擺爛等負面行為。

然而，自我反思卻是另一回事，它讓自己思考有甚麼其他解決方法，探討各種方案的利與弊，然後調整自己的做法，一路朝着解決問題的目標邁進。畢竟，路是人闖出來的。

善意引來善意

衝突之後，**報復循環（Retaliatory Cycle）**為甚麼有時會沒完沒了？因為怒氣在心中不斷累積，卻無處宣洩。於是，自覺感到委屈的人，時不時會不自覺地在言語上冷暴力對方；這樣一來，對方亦會因此而被觸怒、產生委屈感，隨之而來激發報復的行為回應，讓惡性循環不斷上演。

要打破這個僵局，必須依靠一些**善意的表示（Conciliatory Gesture）**。我們相信當一方展現善意，才可以觸動另一方的善意回應，這些善意行動和回應是會自然地發生，甚至在當事人不察覺的情況下而發生，從而可以打破報復的惡性循環。要讓善意循環的發生，需要符合 4 個元素：

i) 情感宣洩；
ii) 身心疲累；
iii) 離苦求樂；
iv) 抑制反應。

這是邁向和諧的四部曲。

善意循環 (Conciliatory Cycle)

要打破報復的循環，最有效的方法便是善意的表示。

為甚麼一個善意的表示，就可以觸發對方的善意回應？因為善意表示可以觸發物種的惻隱之心，於是由一方發出的善意表示，往往觸發另一方的善意回應。如果地球的物種沒有惻隱之心和抑制反應，強者不會因為弱者示弱而放手下敗將一馬，而且非要趕盡殺絕不可的話，該物種理應早已被滅絕了。

在【職間衝突個案 7：名校老師結怨】中陳 Sir 曾經試圖送上朱古力表示善意來緩解衝突，但何解無效？

原因 1：前文提及的 4 個元素並非所有都具備。

原因 2：陳 Sir 帶着火水救火，一句帶着指責的「別那麼小器吧！」甚麼的善意也瞬間失效。

原因 3：具備 4 個元素之餘，不是單靠「善意」便成事，尚要依賴整個過程的運作，下文會有詳細講解。

上文介紹過狗群之間互毆時的「基本禮儀」，強狗讓弱狗逃生之舉，本身就屬於一種抑制反應（Inhibitory Reflex），因為強狗起惻隱之心，讓弱狗投降自保，不趕盡殺絕。

總括來說：乙方投降示弱 → 釋出善意 → 可引起甲方惻隱之心 → 作出善意回應 → 又觸發另一個善意行為 → 由報復循環變成善意循環，打破負負得負的困局，突破成為正正得正的 Happy Ending（開心大結局）。

以下是一些常見的善意表達例子：

【真誠道歉】誠懇道歉，對任何錯誤或誤會表示歉意。這是最有效的善意表達，一般亦是最難做到。例如：「對不起，這次是我的錯，請接受我的道歉」，切記是純粹誠懇道歉，而非加入任何解釋或其他建議，否則只被認為是辯駁或為達到目的而已。

【承認責任】承認自己在行為或操作上的失誤，過程中有所不足，並願意承擔責任。例如：「我在這次操作中出現失誤，導致了這些問題，有部分是我負責的。」

【妥協】提出雙方都能接受的解決方案，顯示出解決問題的彈性。例如：「我願意退一步，找出一個折衷的辦法。」

【自我揭露】表達個人的恐懼及期望、坦承不安全感，害怕某些決策可能帶來的後果，在團隊中感受到壓力或不安。例如：「我擔心如果我們現在採取這個方案，可能會影響到未來的發展」、「我最近在工作中感到很大的壓力，有時會覺得自己做得不夠好。」

【表達正面】表達自己欣賞對方的部分，例如：「你做的報告很仔細而且專業，很值得學習。」

【重申共同目標】提醒對方你們的共同目標，強調合作的重要性，例如：「我們都希望這個項目成功，你有甚麼建議嗎？」

不和老闆爭辯，一句關心化解僵局

職間衝突個案 12

Emily 最近接到一個新任務，要在一年內達成一個服務計劃的目標。不覺 3 個月過去了，卻進度緩慢，與預期目標仍有距離，老闆知道後心急如焚，略帶不滿地查詢箇中原因，Emily 耐心地解釋：「新計劃起步的階段是需要多些時間，3 個月的時間實在太短，反正這個服務計劃要達到目標需要一年多才能完成，而且我們也要給時間讓客戶認識我們的計劃。」

老闆不太滿意：「別再找藉口了，告訴我為甚麼沒有達到目標？我們現在該怎麼做才能追回進度？」Emily 剛上完職間調解課程，想起了堂上教過一些確認情緒的技巧，於是回答道：「知道你擔憂進度不達標，我與你一樣緊張，然而現在的情況是在我們的預測之內。市場需要時間來認識我們的服務，所以請放心，我們有信心能達成目標。」

老闆說：「你們能不能別這樣？我已經夠難做了！」這時，Emily 又想起**善意循環**的理論，明白老闆在不自覺下正在釋出善意，「自我揭露」他的難處，她立即釋出善意「重申共同目標」回應：「我知道你的工作已經很辛苦，都有很多難為之處，我們和你目標都一樣，要在一年內完成這服務計劃，不如大家商量一下我們可以怎麼做才能減輕你的壓力呢？」老闆聽完開始嘮叨他的困難，像是打開了話匣子，接下來他們就開始討論如何一同解決難題。

當我們遇到分歧時，很多時都會針對各自的立場去解釋，卻忘記處理雙方的心情，所以在老闆眼中計劃的進度是緩慢，而 Emily 亦有她的困難，如果雙方糾纏在辯解各自的困難，事件便沒完沒了，甚至會因工作上的分歧導致對人的不滿。

Emily 出其不意把話題一轉，先處理老闆的心情和確認他的情緒，當他感到被理解、心情平靜下來後，便不自覺地釋出善意。最後 Emily 亦釋出善意，提醒老闆大家目標一致，還主動諮詢可以如何配合。當大家系統一冷靜下來，便可以用邏輯系統（系統二）商討解決方案了。

忽然和解四條件

只要滿足以下條件，調解職間衝突的突破
將是一種生態性的有機轉變（organic shift）。
衝突的突破就像種子一樣，
當有土壤、陽光、水和空氣的支持時，
便會自然生根發芽，自動發展，無法強迫。

單靠善意表示，不能達致和諧

單靠抑制反射（Inhibitory Reflex）激發一顆惻隱之心，並不足以確保善意，換言之並不足以保證善意的行為會隨之而來。要讓善意的表現真正出現，還需要另外 3 個關鍵元素：

i) **情感宣洩（Catharsis）**：當一個人在職間受到疑似不公不義的對待而感到不忿時，他／她心中的委屈與無奈應該如何處理？找閨蜜／死黨（樹洞）傾訴或是瘋狂購物來減壓發洩，甚至尋求輔導員的幫助？以上方法是可以的，但卻只有短暫幫助，因為發洩的對象始終是第三者，而不是始作俑者的對方。因此，有足夠時間向對方表達自己在衝突過程及事後所承受的委屈，甚至將心底裏藏着的憤怒發洩出來，讓情感得到真正的宣洩，才可以避免負面情緒無限循環。

ii) **身心疲累（Fatigue）**：當一個人宣洩達致飽和點，直至把事件「講到飽、呻到悶」時，無論是宣洩者或聆聽者，都會感到一種身心疲累的狀態。

iii) **離苦求樂（Desire for Peace）**：當痛夠、苦夠、累夠，人總是希

望能擺脱這些痛苦與煩惱，期望尋求和平與喜樂。

當以上 3 個元素再加上第四元素「抑制反射」都達到時，事件便能夠迎來突破，善意的表達也會自然出現。就像健康的種子被埋在有養分的泥土下，只要有足夠的陽光、適當的水分和空氣，植物便會破殼而出自然地生長。

原始部族的調解規則

話説調解大師 William Ury 曾到南非化解種族隔離主義的衝突，作為人類學家，他非常喜歡觀察原始部落是如何處理衝突。有一天他經過一個地方，看到有個原始部族在空地上圍成一個大圈，出於好奇他上前詢問發生了甚麼事。原來，部族裏出現了一些糾紛，所以大家正圍在一起進行討論。

期間 Ury 又注意到一個有趣的現象：所有人赤手空拳，沒有攜帶武器。平日全天候 24 小時不離身的鋒利矛，此刻卻整齊地放在圓圈以外的位置，甚至連淬過毒的矛頭也小心翼翼地指向圓圈外圍，而非指向圈內的人。

Ury 細心聆聽他們的討論，雖然不懂他們部族語言，但觀察到他們一些討論守則：就是一直嘰哩咕嚕地對話，從未中斷，似乎沒有任何休息的打算。於是 Ury 忍不住問道：「你們打算談到甚麼時候？」圈中的一位領袖回答：「直到事情解決為止。」

Ury 又問：「那麼一日三餐怎麼辦？如果有人有生理需要時怎麼辦？」族人回答：「就在這裏邊談邊吃。有生理需要時在後面的樹叢解決就可以了。」

William Ury 從田野考察中獲得啟發，讓他思考為甚麼一些原始部族在面對爭拗時，仍然能夠保持和平。原來，背後的關鍵在於他們擁有一套有效的守則來處理紛爭與衝突。其中，我們將會在【第 3 章：平息衝突的步驟】，詳細介紹職間調解會議的兩大原則：

i) 與會期間不能無故中途離開（No Walk-aways）；
ii) 不可單方面以強勢壓迫對方，解決方案必須得到雙方的同意與接受（No Power-plays）。

經過馬拉松式討論後，事情往往大多會被解決。這次觀察進一步強化了 Ury 的調解理念：只要進行適當的溝通，加上面對面的對話，事情就有機會迎來解決的契機。

部族調解本質就是家事糾紛

職間衝突如果放任不理，有機會糾纏數年，甚至十多年。傳統的「戰鬥」或「逃走」應對方式，對於職間衝突並無實質幫助，因為儘管今天逃了，明天還是要見對方；如果選擇戰鬥，即使今天贏了，難保明天不落難。既然如此，何不花點時間停一停、想一想？然後選擇面對面直接溝通，將所有的問題和情緒一次過解決。

上述的原始部落溝通模式，其實與職間調解的原則不謀而合，而它不僅可以應用於職間衝突，也適合解決家庭糾紛，因為在原始部落中，公事與家事很相似，雙方的關係是緊密相連的。

職間調解，也適用於家庭糾紛

傳統勸說的反思

傳統上，當家庭中有兩人因為某些事情產生分歧而爭吵時，旁觀者通常會勸他們各退一步，少説幾句，停止爭論，這是我們過去學習處理衝突的方式；而 Dr Dana 覺得爭執不是因為多説了幾句，而是因為沒有足夠時間去説多幾句；當然，要多説幾句及如何説，便需要遵循本書中提到的規則和步驟，這樣才能讓道理愈辯愈明。

職間調解一般需時約 90 分鐘，根據情況可能需要延長時間，或安排另一天繼續進行。在調解過程中，雙方不得無故走開，也不得強迫對方接受單方面的解決方案。

思考題

各位可以試想一想，權威的爸爸數小時後便會帶朋友回到家裏作客，臨出門前吩咐兩兄妹執拾好屋企，包括清潔客廳和把廚房的器皿洗乾淨；兩兄妹合作做到半途，因某種原因，互相指責對方，時間一分一秒逝去，客人又就快到達，這個情況可否用職間調解模式處理？

職間調解會議的核心理念，就是確保衝突雙方坐在一起，有足夠時間進行坦誠的對話，並且有充分機會向對方表達自己的不滿，發洩心中的怨氣，即俗語所謂「唔啱講到啱」。當雙方漸入疲倦狀態，人類本性中都有離苦求樂的追求，不想長期在鬥爭中，加上抑制反射，善意的表達也會自然而然地出現。調解員在此關鍵時刻必需抓住機會，支持這些善意的表示，善意循環便會開始，惡性報復的循環也隨之結束，對話過程中的核心要素是不可以有人身攻擊，而是集中於事件的處理，這樣雙方才能進入理性的討論階段。

男士最怕黑白天鵝 ??

生活衝突個案 4

有些男士最怕家中伴侶是「黑天鵝、白天鵝」，為同一件事由天光碎碎念「哦」到天黑。Roy Sir 曾經聽過以下個案：

有對夫婦的樓宇單位遭受強制拍賣，決定尋求專業服務；兩人事先做足功夫，但負責的專業人士似乎對一切毫無了解，一問三不知。相對之下，夫婦倆早就調查清楚附近單位最近成交的尺價、樓宇估價多少，以及附近樓宇合理價格等。太太在與專業人士會面後感到極其不滿，因為她明明在會議前做了大量工作，但最終卻毫無所獲。

太太氣不過，認為專業人士沒有付出應有的努力，回家後便要求老公作出投訴。然而，老公認為既然費用已經付了，就無法要求退款，相信對方應該也努力過。但太太堅持對方是零付出，感到自己吃了虧，於是對着老公嘀咕不休，日夜抱怨，老公聽得煩躁，便勉強地答應她去追討。

結果如何？我當然不得而知，但這是一個情感宣洩（Catharsis）到身心疲累（Fatigue）的例子，個案中的老公期望和平，為了離苦求樂（Desire for Peace），很有可能是假意應承，自己掏腰包，敷衍老婆補數以平息事件。

不是開玩笑，上述情況若是不幸的話，可能會導致離婚，因為「音波功」導致心理疲勞，真的很難消化。所以我們需要學會如何避開這些雷區，並將職間衝突管理的技巧應用到日常生活中，學會合理地表達自己的感受及訴求，避免無休止且不合理的抱怨。單靠某一種表達方式（例如咿咿哦哦的情感宣洩），可能會令對方的行為暫時改變，但卻無法持久。

職間調解與商業調解的分別

當調解文化尚未普及時，許多人面對家庭或朋友間的衝突，往往不會主動尋求專業調解員的協助。在職場上情況亦然，除非衝突已經升級到法律訴訟階段，否則大多數人會選擇自己解決問題，對於那些無法自行解決的衝突，很多人最終選擇辭職、轉職或默默忍耐，甚至可能直到退休都不予以解決；還有一些則可能會聯合起來對抗，這也是工會成立的原因之一。

我們已經了解過職間無法解決的衝突不僅會對機構員工造成顯著的影響，然而機構覺得內部問題不適合外傳，因此最理想是，培訓特定的員工來處理職間糾紛。

職間調解員與綜合調解員（包括處理商業調解），在處理職間糾紛時無論角色、目標和方法上都有所不同：

表 6 綜合調解與職間調解的異同

	職間調解（Workplace Mediation）	綜合調解（Accredited General Mediation）(HKMAAL)
調解員	機構的所有員工	第三方[2]
知識	對機構的文化、政策、規則有一定認識。	對機構的認識有限度。
角色	和機構有共同的利益，受制於報告渠道不能太獨立。	獨立、中立、無利益衝突，會議主持人。
主持會議	除促進雙方溝通外，也要作為機構利益的監察者。	促進雙方和平溝通，了解分歧從而作出明智決定。
中立	不判斷對錯，但對於提出的方案，需要配合公司政策及規則許可。	不判斷對錯，不給意見，不遊説接受方案。

2 Hong Kong Mediation Accredited Association Limited（HKMAAL）是香港特區政府及司法部門認可的機構，專責審批調解員培訓課程及考核成為認可調解員等，而調解員名單只分為家事調解員（Family Mediator）和綜合調解員（General Mediator）。

	職間調解 (Workplace Mediation)	綜合調解 (Accredited General Mediation) (HKMAAL)
目標	解決因為當事人爭議衝突，而引致對機構產生的影響和問題。	通過溝通和了解，當事人自主自決解決方法。
調解模式	商業問題必須參加；調解員決定要解決甚麼問題，當事人決定解決的方法。	當事人自願、自主、自決。
保密	會議過程、內容細節均保密，會議結果可能要向管理層報告。	按照香港法例第620章《調解條例》的保密要求。
協議	大部分是會議備忘錄，屬於工作協議。	大部分協議是合約模式，具法律效力。
會議後續	多數情況需要後續，確保所定下的工作協議和分工安排能夠解決商業問題，以及跟進協議後所面對的困難。	按需要而定。

總結

人與人之間難免存在意見分歧，這是非常自然的現象。然而，衝突背後往往隱藏着複雜的推測和預設。有時候，一個簡單的行為可能會被錯誤地演繹為對方的惡意意圖，從而引發情緒反應。在情緒主導下，對方的反應也可能被錯誤解讀為不利的意圖，最終導致惡性報復的循環，長期以來積累了矛盾。

那麼，如何打破這樣的困局？首先，我們需要認識到在報復循環中，演繹意圖和情緒反應都是自然的，而且無法直接控制；唯獨是我們可以控制自己的行為，選擇建設性的回應，並且釋出善意，這樣往往能引發對方自然地出現人性中的善意回應。當善意循環出現，才能打破惡性的報復循環。

當衝突發生後，雙方若能直接進行對話，表達彼此的情緒、感受和影響，便能充分釋放內心的委屈。隨着足夠的宣洩、身心疲憊時，回歸和平的渴望便會產生，當一方率先展現善意，另一方通常也不再採取激烈的對抗，反而會給予善意回應。有趣是，這種善意的回應經常是自然流露，而非刻意表達，甚至連發言者自己都不一定察覺。

在處理衝突時，我們需要創建新的思維模式，培養以建設性行為來回應分歧，綜合運用這些自然的心理機制，相信即使存在意見分歧，問題也能有效解決，化解矛盾，實現和平共處。

本章節強調，未能解決的職間衝突只會導致惡性循環，逐漸升級為危機。第三者及當事人可能只會觀察到雙方的敵對行為，而不一定意識到不同行為是由不同的情緒和概念所驅動。

在接下來的【第 3 章：平息衝突的步驟】中，我們將分別探討如何以第三者的身份來調解職間衝突（TPR 第三方調解方案）。另一方面，當我們掌握了職間調解的步驟和精髓後，若自己與他人發生衝突時，又該如何兼任當事人和調解員的角色，主導進行調解（SCC 自行調解會議）。在最後一節，我們將學習如何練習調解自己內心的矛盾衝突，以提升內在的力量（ISE 自我充權）。

金句 3

知道職間有衝突卻不想去處理，
等到我有衝突時便不知道如何處理。

第 3 章

平息衝突的步驟

Workplace Mediation Process

職場豬隊友，是憤怒的起點？

衝突往往源於雙方對事情的期待存在差異。
遇到那些雙重標準的「豬隊友」，
沒有產生衝突的話簡直可以算是一大奇蹟。

「豬隊友」其實為數不少，其中包括那些總是為同事製造麻煩的人，隨之產生同事之間的矛盾與衝突，是自然不過的事。一般同事或朋友之間有摩擦，輕則不再打招呼或不再約飯局；然而，如果衝突是發生在密切的工作夥伴之間，見面總是無法避免。

工作緊密相連，相處的密度可能遠超夫妻的關係。因此，一旦出現矛盾，對身心健康的影響可想而知。嚴重的話，光是想到要返到工作崗位，見到對方，就會讓人心情鬱結。

在本章節，我們將會介紹兩種職間調解的方法：第三方調解會議（Third Party Resolution, TPR）和自行調解會議（Successful Conflict Conversations, SCC）。我們會通過兩個職間衝突模擬個案，來展示如何有效地主持會議。讀者只需跟從本書步驟，緊守所需流程，按部就班，便能夠協助當事人突破困局，從對抗轉為協作，共同完成工作任務。即使同事不能推心置腹相處，但至少能夠共存，並完成上司指令和任務。

豬隊友互懟多宗罪

職間衝突個案 13

在一家業界頗有名氣的廣告公司裏，有兩位合作超過 3 年的「好搭檔」— Paul 和 Jen。

表面上，他們總是互相禮貌客氣，但背地裏卻不約而同地稱對方為「豬隊友」。Paul 經常抱怨自己被 Jen 激到七竅生煙，而 Jen 在與 Paul 合作時也常常咬牙切齒。這對拍檔在合作中為何相互忍讓，又怎麼會被對方激到嘔血呢？

廣告公司內部擁有三大核心團隊：創作部、客戶服務部和媒介部。這三者之間的關係十分緊密，經常搭檔一起前往客戶公司開會，不是進行推介演示（賣蹺），就是洽談業務。Jen 隸屬於創作部的創意總監，而 Paul 則是客戶服務部的總監。3 年來，他們合作無間，Paul 總能成功地將 Jen 的獨特創意成功推銷，被客戶接受。Jen 的廣告作品既大膽又創新，深受大眾喜愛。隨着廣告的推出，客戶的銷售業績明顯上升，她經常獲得廣告商會 4As 創意獎。然而，在 Paul 的眼中，Jen 這位拍檔卻是一個性格巨星，讓他一言難盡。

「唉！Jen 這個人有點藝術家的脾氣，總是要別人遷就她。她一旦靈感大湧現，總能想出創意十足的點子，讓人驚喜不已。但最讓人頭痛是，她經常會激到你半死而不自知！其實，偶爾遷就一下我也無妨啊！」

拍檔的控訴

Paul 版本

在 Paul 心底深處，Jen 的「七宗罪」已經潛藏一段時間，他無奈地說：

第一宗罪 **拖延症**

「根據生產日程，Jen 明明答應了大家今天交稿，但當天 23:59 交貨已經是提早完成了，經常第二天下班前才將文件上傳雲端，真是讓人無語！一份稿件需要反覆修改才能演示給客戶，她又不是第一天入行，這種拖延行為連累其他同事不得不幫她趕時間，忙中出錯的情況屢見不鮮，最終要為她揹黑鍋！」

第二宗罪 **事不關己，已讀不回**

「群組的目的是為了即時交流，向 Jen 提問，她卻經常已讀不回，甚至根本不讀不回。」

第三宗罪 **利益至上，態度反差大**

「但是，如果 Jen 需要找你，短訊發出後 1 分鐘內沒有得到回應，就馬上發動奪命追魂 call。」

第四宗罪 **看職級做人**

「倘若與 CEO 開會，Jen 會提前 15 分鐘到，與主席會面時更會提早 30 分鐘。然而，當要與第二、第三梯隊的同事討論細節時，她的手錶卻總是慢了 30 分鐘！」

第五宗罪 **隨時玩改期**

「當大家與客戶約好時間和會議室後，Jen 經常會在會議前突然通知大家因為有其他會議需要改期；遷就她的話，便需要向客戶解釋情況；不遷就她，卻又可能無法充分理解她的設計理念，這樣一來，最終的結果往往會讓人苦惱，同事都會感到困惑不已！」

第六宗罪 **臨時加料，玩死大家**

「創作團隊都很緊張自己的創意，並且對美感有着堅定的追求，始終希望能夠提供最佳的作品，這一點我們的客戶服務部同事也深深理解。然而，當我們將客戶的意見傳達給 Jen 時，她不但已讀不回，而且要在最後一刻加入她自己的新想法才提交稿件，客戶的反饋卻變得石沉大海。這樣一來，我們未能預先與客戶討論溝通，見客時常常都在被指罵的邊緣，亦讓我們的專業形象受到了影響，真的豈有此理！」

第七宗罪 **只顧自己，忽視團隊**

「在項目中，團隊各成員應該各司其職，攜手保護集體利益。但 Jen 往往只顧自己的形象，自己的工作部分經常死線後提交，其他人不得不追趕進度。如果出現錯誤，她往往在會議上當眾指責同事 / 下屬；一旦得到讚賞，她定必全部收下，但從不提及隊友的貢獻，這樣只會讓團隊士氣受到影響。」

拍檔的控訴

Jen 版本

另一邊廂，創意總監 Jen 提到「好拍檔 」Paul ，就一臉無奈與困擾：

第一宗罪 **缺乏創意理解**

「Paul 只是關注客戶的即時反應，忽略創意的核心價值。不論我們創意部投入了多少心血去做大膽的創意，他總是第一時間質疑客戶是否會接受，而不是思考如何說服客戶接受創新。」

第二宗罪 **溝通不清，責任推卸**

「Paul 在與客戶溝通後，常常沒有將客戶的需求清晰地傳達給我們，導致我們在創作過程中需要浪費不少時間去猜測客戶的真正意圖。然而，當客戶對最終作品不滿意時，他卻總是將責任推給創意團隊，認為我們沒有理解客戶的需求，這讓我們感到非常不公平，甚至影響士氣。」

第三宗罪 **客戶面前總是扮演 Yes Man**

「Paul 經常在未與創意團隊充分討論的情況下，承諾客戶不切實際的交稿時間或過於複雜的創意方案。這讓我們不得不壓縮創作時間，甚至犧牲作品的質素。」

第四宗罪 **功就你領，工夫就我們做**

「在項目成功後，Paul 總是將功勞歸於客戶服務團隊，而忽略了創意團隊的努力和貢獻。他從未在客戶面前提及我們的付出。」

第五宗罪 **缺乏支持，孤立團隊**

「當創意團隊與客戶之間出現分歧時，Paul 往往選擇站在客戶一邊，而不是支持我們的專業判斷，削弱我們在客戶面前的專業形象。」

第六宗罪 **缺乏長遠規劃**

「Paul 過於關注短期利益，而忽略了長期的品牌建設和創意發展。他總是急於滿足客戶的即時需求，卻沒有為客戶提供更具戰略性的創意方案。」

客戶服務部和創作部保持良好關係，是促進成功的關鍵，當彼此互相扶持和協作時，整個團隊都能更順利地運作。相反地，如果出現互相推諉、互拖後腳的情況，最終會影響到整個公司的運作。

Jen 和 Paul 都是出色的員工，但在跨團隊的溝通上卻面臨一些挑戰。由於兩人都是高級主管，並且是公司不可或缺的支柱，若由第三方（如人力資源主管）介入，可能影響他們的面子和形象。在這情況下，最適合採用 SCC（自行調解）。通過 SCC，Jen 和 Paul 便可以有系統地私底下解決彼此之間的問題。關鍵在於，至少他們其中一位需要熟習 SCC 的步驟。

職場神隊友，也會因誤會而疏離

醫患糾紛時有所聞，其實醫院內部也是一個職場，同樣存在辦公室那種職間矛盾與衝突，以下是一個以醫院為背景的職間衝突個案。

醫院裏的「小」衝突

場景 1 誰的工作更重要？

在某家繁忙的醫院裏，Mia 和 Hazel 是內科病房的資深護士。她們共事了十多年，經歷無數個通宵輪班，彼此之間建立默契和深厚友誼。然而，隨着醫院病人數量的增加，工作壓力也逐漸上升，讓兩人的關係開始出現些許緊張。

某個忙碌的午後，內科病房的病人數量激增，兩位護士各自忙着手頭的工作，正專心整理藥品的 Hazel 突然聽到 Mia 焦急的呼喊：「Hazel！快來幫我！這位病人需要打點滴！」Mia 的聲音裏充滿了急迫的情緒。

Hazel 看了一眼手頭的工作，心中不免有些不快，「Mia，我這邊正在覆核藥品，還需要為病人送藥，得先處理這件事。」她回答道。

Mia 的臉色瞬間一沉，「但我這裏沒其他人可以幫忙，你怎麼能這樣不管不顧？」

Hazel 皺了皺眉頭，「我也沒有其人可以幫忙，如果不先把藥品整理好，給病人用錯藥可就麻煩大了。」

場景 2　甲的同理心，在乙眼中是破壞規矩

數天後，一位太太因車禍入院；她的先生在北京工作，最快要幾個小時後才趕回香港探望。不幸地她先生在途中扭傷腳踝，延誤了航班，終於，直到晚上 9 點多才趕到醫院。當時已過了探病時間，他在病房外焦急地哀求，希望能見妻子一面。

原來，他與太太新婚後不久便要到北京出差，太太本來已有些不滿，如今在他出差期間發生車禍，太太情緒變得非常不穩定，甚至在電話中賭氣説要離婚，令他十分擔心。

Mia 聽後，一時心軟，決定酌情讓他入內作短暫探訪。她認為，規矩不外乎人情，特殊情況應該特殊處理。

然而，這一舉動卻引起 Hazel 不滿，認為 Mia 違反醫院規定，破壞了病房的秩序。在 Mia 眼中，Hazel 是鐵石心腸、死守規矩不懂變通，不懂體諒病人家屬感受，而且對同事也管得太嚴苛。

兩人因此發生了激烈的爭吵，關係進一步惡化。這場爭執後，兩人不再溝通，如有必要，便透過其他同事傳話，甚至有同事投訴在病房行使護理規則上有點無所適從，連病人也有微言。

同事們各自忙碌，是正常不過的事；當需要支援時，請求幫助也是常見。然而，如何回應同事的求援，或在遭到拒絕後如何調適自己的情緒，當中都大有學問，若處理不當，就很容易成為引發衝突的根源。

例如，Hazel 在忙碌時被 Mia 質疑「你怎麼能這樣不管不顧？」那一刻起，Hazel 感覺彷彿受到指責，內心的不滿情緒如同種子般悄然滋生。雖然這些感受主要來自於當事人的內心演繹，但如果負面情緒沒有及時處理，久而久之，便可能累積成怨恨，進而引發更多不必要的衝突。

兩位護士不僅在同一病房工作，還相識多年，彼此關係已十分緊密，儘管如此，仍會因為價值觀和處事方式不同而出現摩擦，若是一般同事關係，情況可能更惡劣。大衝突往往是從小矛盾開始，小矛盾由不當溝通開始，所以以上案例非常適合進行職間調解，以促進更和諧的工作環境。

學懂職間調解，提升職場運勢

我們為甚麼積極推廣職間調解文化呢？因為許多企業和員工在面對衝突時，都抱着「家醜不外傳」的心態，可是如果一直沒有好好處理，直至情況變得非常極端時，就不得不公開訴訟了；一旦進入法庭，所有內幕細節將被迫公開，這可能引來客戶、競爭對手以至公眾的八卦與評價，對機構造成無法估量的影響。

企業往往傾向於自己解決內部問題，因此學會職間調解便成為職場領袖必備的知識。採用下文介紹的 **TPR 第三方調解會議**，由上司或人力資源主管，或其他有能力的同事協助兩位員工進行調解，便是最好不過。此外，所有員工也可以透過學習 **SCC 自行調解會議**，同時扮演調解員和當事人的角色，則能更好地自主解決問題，毋須擔心內幕被「八卦人」聽到。

在職場上，擁有一定閱歷的人都明白，對抗和逃避都無法真正解決問題。當矛盾加劇，甚至引發衝突時，對抗只會讓事情更加惡化，而逃避不但無法消除問題，最終可能會讓小問題累積至「爆煲」。

TPR 和 SCC 兩者都是有效的溝通工具。只要按照步驟進行，就能解決大部分的衝突事件；縱使未能完全解決衝突，當事人的關係都必定得到改善，非常值得學習。這不僅能豐富個人的知識庫，提升職場上的領導力與親和力，對於成為職場中的領袖及未來的領導者來說，學習如何處理團隊內的衝突更是一項不可或缺的技能。

為何引入 TPR 第三方調解方案？

面對類似上述的情況，當兩位病房護士因為爭執而影響合作關係與服務品質時，她們的上司 —— 病房經理 Evelyn 必須介入解決問題。Evelyn 在處理同事之間的衝突時，至少有以下幾種方法可以考慮：

i) **訓話**：這種方式可能讓衝突雙方表面上接受指導，但口服心不服。

ii) **視而不見**：有時主管自己也怕面對衝突，擔心不知如何面對火爆場面，於是可能會選擇視而不見，不去干預他們的衝突。然而，這樣的策略最終可能導致同事之間的關係惡化，影響整個團隊的士氣。

iii) **勸交**：這只是暫時緩解衝突，可能會延遲衝突的爆發，直到某一方或雙方再次出現越界行為，最終不滿情緒的積累到了忍無可忍的時候，小則可能導致某一方甚至雙方意興闌珊遞信辭職，大則可能引致傷亡慘劇（見 **【附錄 1】：職間衝突的新聞報道**）。而且在勸交過程中，少不免會為對方解說，容易被誤以為偏袒對方，勸交者會陷入兩難，最終感到委屈。

iv) **由上而下給予指令**：這種方法由主管或仲裁者判斷對錯並下達指令，強迫雙方遵循。然而，這種決定往往沒有衝突雙方的參與，亦不會考慮到雙方的意見，最終可能導致雙方的不滿，勉強為之，效果成疑。

v) **採用職間調解**：透過 TPR 第三方調解會議，由上司或人力資源主管或同事召開會議，促進雙方進行和平的交流。這樣，雙方都能有機會表達自己的想法與感受，並聆聽對方的觀點，了解事情來龍去脈，從而增進理解，認識到共同達成目標的重要性，尋求雙方皆可接受的解決方案。由於方案是雙方都自願接受，所以更容易持續執行。

機構需要一個仲裁經理？還是調解經理？

沒人反映問題，不等於沒問題

職場上，衝突是無法避免的挑戰。有時候，經理們對於如何處理這些衝突感到困惑，甚至不敢插手。在欠缺職間調解的技巧下，他們或許是有心，卻真無力。另一方面，一些老臣子可能曾經有過相關的經歷，出於好意想要介入解決問題，卻反而遭到批評或指責。「人老精、鬼老靈」，他們自然也變得各家自掃門前雪，事不關己、己不勞心，讓衝突繼續存在。

為甚麼年輕人轉職的速度特別快？又為甚麼中年人對於衝突常常選擇視若無睹？其中原因是，年輕人追求心中的公平與正義，對於不滿的職間情況會毫不猶豫選擇隨時裸辭。中年人則需要面對供樓、交租、家庭開支等各種經濟壓力，往往選擇忍耐，多一事不如少一事。可是，沒人反映問題不等於沒問題，反而讓機構未能察覺需要提升處理內部衝突的能力，實際上，作為管理者，具備能力洞察內部糾紛，然後適時處理是至關重要的。

找權威裁決，是一種集體意識

許多人下意識地認為，當與同事意見不合時，尋求上司的裁決便可以了；如果跟上司之間也有分歧，就可以向更高層的領導求助。不妨想清楚：當下屬向你求助時，你究竟想成為一位僅僅依賴權威來判斷「對」與「錯」的仲裁經理，還是希望成為一位透過協助雙方平和溝通、增進彼此理解，並共同創造解決方案的調解經理（Mediation Manager）呢？

當然，尋求權威來判斷工作內容、程序及標準的對錯是可行的，而且事件可以迅速解決。若衝突源於員工在合作過程中產生的觀點或人事上的分歧，對讓上司來判定誰對誰錯的做法，總會有人不服氣，甚至各方都感到上司偏心，進而產生不公平的印象，然後暗地裏產生怨氣，損害員工之間的互信與工作動力，這種由上而下的「解決」方式，往往只是暫時的，缺乏持久性的做法。而重建互信偏偏是最難修復的事，需要花費大量的時間和心力，難度級別屬「爆燈」。

在香港的企業環境中，缺乏一個有效的職間調解氛圍，所以遇到問題時，會依賴仲裁方式來「解決」職間衝突，然而卻埋下更多更大的衝突種子。甲方雖然贏了一仗，乙方日後又會尋找機會報復，讓投訴事件沒完沒了，而且會導致同事往後無論大小事務，都得尋求上司的裁決，為團隊埋下隱患。

由上而下的解決方案帶來 5 個後遺症

i) **依賴上司的指示：**員工可能逐漸習慣依賴上級來處理問題，這會阻礙他們提升自主解決問題的能力，並不利於培養他們解決問題的技能。

ii) **加深同事之間的矛盾：**上司未必能全面了解矛盾的根本原因，若裁決讓某一方感覺不公平或未被理解，可能會進一步加深同事之間的對立情緒。

iii) **失去互信，關係破裂：**當雙方員工各持己見時，上級的強制裁決可能使雙方更疏遠，進而影響到日常工作的協作與溝通。

iv) **管理成本增加：**上級需要花費大量時間和精力來調查內部矛盾，作出裁決，這無疑會提高管理的運營成本。

v) **組織文化受損：**過度依賴上級的裁決會削弱員工之間的信任，最終影響機構內的團隊合作氛圍。

調解有別於仲裁及訴訟

處理職間衝突時，除了仲裁和訴訟，還有一個非常有效的工具就是調解。調解最大特點在於它並不強調已發生了的事情是對或錯，而是透過雙方的溝通來理解分歧，尋求一個雙方都能接受的解決方法。透過職間調解，員工不僅能提升溝通和協調能力，還能建立良好的同事關係。

調解有助於恢復信任和修復關係：

這通常需要時間和努力，管理者和員工需要採取積極步驟來重建信任，並重新促進合作與良好的工作氛圍。

促進合作的持久性、避免衝突再次發生：

某些衝突可能會不斷重複，即使一次的衝突已經解決，但類似的問題可能會再次出現。因此，管理者和員工必須具備持續解決衝突的能力，並採取預防措施來減少衝突再次發生。

有效解決職間衝突，有 3 個重要因素需要考慮：

i) 在機構層面上，積極建立支持和平解決衝突的文化和氛圍；
ii) 管理者與員工需要共同努力，提升彼此的溝通、解決問題及人際關係管理技巧；
iii) 透過員工積極的參與、促進包容性和合作精神。

這樣我們便可克服障礙，實現和諧良好的工作環境，減少衝突，增強團隊的凝聚力，機構便能持續成功。

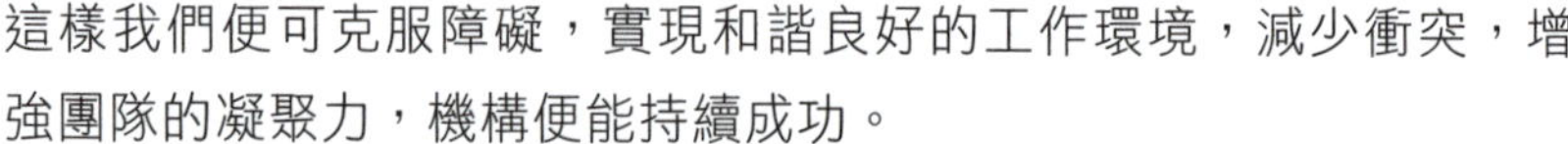

何謂 TPR？

為甚麼一天學懂職間調解這麼重要呢？因為這項技能可以即學即用。透過學習，你不僅能夠有目標地處理人事衝突，還能累積調解的知識，進一步提升你的領導能力。

TPR（Third-Party Resolution，第三方調解會議）是一套非常實用的溝通工具，毋須深入理解其背後的理論，只要按照使用手冊的步驟操作，甚至不需要專業的調解員，信手拈來就能有效化解職間糾紛。對於每位領導者，這是一項必備的技能，能夠協助員工們更順利地合作，推進他們的工作或項目。

a 如何定義 TPR？

TPR 是一個專為解決職間衝突的**業務會議**，旨在有效解決職間衝突引至的業務問題，例如工作效率、流程障礙和業績表現等問題。

b 如何定義職間糾紛引致的業務問題？

由於兩位員工之間的合作出現問題，導致影響了機構的運作、業績，以及商譽等可見的業務問題。

c 第三方調解會議的特色

TPR 雖然是一種由第三方主持的調解會議，但可以不用聘請專業的調解員，只需兩位當事人和一位會議的主持人；主持人可以是工作上司或任何人，關鍵是雙方都信任的第三方。在會議過程中，主持人的聆聽能力至關重要，他需要及時支持善意的表示、確保雙方保持有效的對話、所有方案都在雙方同意下制定，並防止任何單方面的強制決策。

主持人不會介入給予意見或決定，而是引導衝突雙方合作找出方案，以完成他們共同的工作目標 —— 通過面對面、表達個人觀點和情緒、了解對方的想法及感受，最終共同協商出一個雙方都既能接受，又務實的解決方案。

雖然 TPR 屬於調解的範疇，但它更像是一種溝通工具，目的是協調發生衝突的員工雙方進行深度交流，重新審視彼此的觀點、需要、困難和情緒，然後共同探討如何合作解決衝突問題，尋求更有效而長久的工作方式，從而提升團隊合作、生產力和業績。

d 給第三方主持人的貼士

i) **會議目標：**強調這次衝突已對業務的影響，要求衝突雙方面對面、直接聆聽對方的感受與難處，以及商討有效解決方案。

ii) **表明角色：**作為主持人，角色須保持中立，而不是成為仲裁者，不判斷對錯、不提供建議或解決方案，也不要讓自己捲入情緒的漩渦或偏頗。

iii) **明確任務：**專注於聆聽雙方的對話內容，確保每一方都在互相尊重的基礎下，有平等機會表達自己的看法和感受；鼓勵雙方持續對話，不得無故中斷或走開；防止任何單方面的強制決策；同時，要善於捉緊善意的表示，放大並支持善意方繼續表達。

TPR 調解方案的利弊

就如銀幣都有兩面，TPR 同樣具備優點及不足之處：

ⓐ 採用 TPR 的 7 個優點

i) 雙方可以直接向對方宣洩感受，舒解心中鬱結後，再理性商討解決方案。

ii) 雙方都有參與如何做的權利，能夠真正擁有解決方法的主導權。

iii) 整個過程保密，任何討論細節都不會被外洩，讓參與者感到安心。

iv) 基於以上三點，最終會達致一個自願接受、執行的解決方案。

v) 調解過程中，彼此會加強溝通，了解對方對事件及其本人的真正感受，消除誤會。

vi) 長遠來説是省時、省力、省成本。

vii) 無論雙方能否達成個人共識，每次會議是要達成上司委派的工作，以完成公司目標為本。

ⓑ 採用 TPR 的 4 個缺點

i) 當衝突的某一方不願意參與，可能需要上司強行召開調解會議，這樣往往會增加緊張氣氛。

ii) 在遇到緊急事故的時候，時間緊迫下可能要採取仲裁或行政指令的方式來迅速解決問題，而無法進行職間調解。

iii) 必需投入一定的工作時間來進行會議和後續跟進。

iv) 如果調解會議雙方未能達成解決方案，那麼就必須請仲裁經理介入，給予明確的指示，促使雙方遵循，這便是「先調解、後仲裁」的特色。

香港企業是否擁有調解文化及氛圍？

我認為，目前香港企業的調解文化並不普遍，即使存在亦只是鳳毛麟角。許多公司領導層常提倡要建立關愛企業（Caring Corporation），鼓勵和支持員工參與社區服務幫助弱勢群體，卻很少投放資源培養內部的調解文化。擁有調解文化的機構並不代表沒有分歧，而是在員工面對分歧時，能夠避免分歧惡化，演變成為衝突，甚至不易收拾的危機，可以將時間和精力專注於更具建設性的工作，而非耗費在糾纏不休的爭吵中。

為甚麼有些高質素人才會被某些公司吸引、主動應徵？很有可能是因為他們欣賞那裏管理層的管理方式和處理衝突的風格，讓他們可以專注工作，毋須浪費時間處理無謂的爭拗。

香港的調解普及度仍然偏低，許多人在遇到家庭糾紛或朋友爭執時，並不會主動尋求專業調解，經常誤以為僅在涉及法律訴訟的情況下才會啟動調解程序。

然而在 2025 年 2 月，香港律政司宣佈在所有政府合約中正式加入調解條款，並以此作為一般政策，這意味着當事人在尋求仲裁或訴訟之前，必須先嘗試調解來解決爭議。這項政策不僅有助於推動香港的調解文化，還希望能夠促進企業內部調解的發展，讓每位員工都能具備處理與同事之間衝突的能力。

職間衝突個案 15

一代不如一代？

話說 Hugo 在國外完成了 MBA（工商管理學碩士）課程後，回香港接手家族的印刷業務。他帶着滿腔熱誠，希望將這個傳統的家族企業轉型為現代化的專業管理模式。為此，他特意招聘了兩位年輕同學擔任經理，帶領團隊進行改革。

誰知恃住經驗老到的師傅們不樂於作出改變，對這些新管理模式不屑一顧，認為沒有甚麼實質的優勢；加上兩個黃毛小子竟成為他們的頂頭上司，他們心裏難免感到不滿，於是倚老賣老，處處表現出不合作的態度，對任何指令唱反調。

在一次改革會議上，兩位經理試圖重新劃分責任及分工，但師傅們卻左一句「讀了 MBA 就以為自己很了不起」、右一句「改完後加『辛』不加『薪』，真是一代不如一代！」讓改革三人組的理想面臨現實挑戰，困境重重。

新一代接班人熱衷於改革舊式管理，但在沒有進行充分諮詢（process）的情況下，貿然引入兩位對企業運作近乎一無所知的年輕同事，縱使動機良好，但過程不佳，情緒被影響，一切所做的都變得枉然。這樣的做法不僅令老師傅們拒絕改變管理改革的內容和建議（substantive），還讓他們感到少主無視他們多年的貢獻，亦缺乏尊重一群曾為家族企業多年付出的老臣子的內心感受（psychological）。沒有詳細計劃，只得盲目理想，往往導致浪費大量資源，改革之路變得舉步為艱。

實踐 TPR 五部曲

衝突雙方非常需要一個合適的渠道，
有效地表達自己對衝突事件的影響、看法，
以及心中積壓的情緒與負面感受。

根據專業職間調解課程的指引，TPR 第三方調解的 5 個步驟如下：

第一步
決定是否介入

評估員工之間的衝突，是否符合職間衝突的定義，並判斷是否值得介入進行調解。

第二步
預備會議

分別邀請衝突的雙方參加 TPR 會議，讓他們清楚明白會議目的、期望達到的結果、會議的守則、主持人的角色，以及確認參與者的出席等。

第三步
規劃及安排三方會議

確保會議的日期、時間、地點，以及會前準備工作都安排妥當，排除任何可能影響會議順利進行的因素。

第四步
進行三方會議

正式展開面對面的對話，主持人需要確保雙方持續對話，留意善意的表達並加以支持，達成的協議是由雙方同意及可行的，同時符合機構政策上的要求。

第五步
跟進會議達成的方案

方案實施後，檢討執行過程中遇到的困難，必要時按需要修訂方案。

職間調解整個五部曲流程都是至關重要的，會議不可能在沒有準備的情況下隨意召開，事前的準備工作同樣不可或缺；在沒有任何規則及前設準備下，就即時開始三方對話，這樣的對話方式有相當高的風險。

【第一步】衡量介入調解性價比

TPR 的過程可以分為 5 個指定步驟。

首先，上司需要仔細考量介入衝突與否的利弊，以及衝突是否符合使用職間調解的 4 個原則（見第 2 章 2.5 節），才決定應否介入調解。並非所有在職間出現的衝突都必須進行調解，否則不僅浪費時間，還可能妨礙員工之間的自然磨合。

例如，有些同事對零食「戒買唔戒食」、經常路過其他同事的座位，見到臨時有需要的用品便順手牽羊，「有借冇還」；這類小摩擦，讓他們在「社會大學」中自行學習處理即可。

在職間，商業問題亦應該從商業的角度來評估。上司需要衡量當事人之間的衝突，是否會對機構造成損失或影響，並思考上司介入的價值。

如果衝突是由於個人的作風、價值觀或品味等因素引起，卻未影響到機構的運作，那麼便屬於個人問題，則不適合進行職間調解。

⇄ 不適合進行職間衝突的 4 種情況

並非所有職間衝突情境都適合透過職間調解方法來解決。以下 4 種情況就不合適：

i) 當其中一方的行為涉及違法或不道德的界線時，這樣的情境不宜進行調解，應考慮進行紀律聆訊。

ii) 如果衝突的根源是由於某一方的工作能力不足，提供再培訓的機會提升他們的能力，才能有效妥善解決問題。

iii) 若其中一方因個人或家庭危機，如酗酒、賭博，或精神健康問題等，建議將個案轉介至僱員支援計劃，以協助他們解決個人問題。

iv) 當解決方案超出了衝突雙方的權限時，也不適合進行調解，因為即使能協商出方案，仍無法有效執行。

【第二步】預備會議，約見衝突雙方

TPR 的第二步驟，上司需要在會議前分別與衝突的雙方進行會面，確保正式調解會議能順利進行。這次會面主要目的，只是讓雙方同意彼此面對面地討論因他們分歧而引發的業務問題。

在會面之前，上司需要進行以下準備工作：

i) **會議宣言（Issue Statement）：**在預備會議中，上司分別邀請衝突的雙方參加 TPR 會議，並根據「不偏不倚」、「客觀」、「具體」、「可解決」，以及「精確簡潔」5 個基本原則準備會議宣言，讓他們清楚明白會議的目的以及期望達到的結果。換句話説，上司需要用精簡句子及客觀事實，具體列出雙方衝突的證據，以及因衝突而產生的業務問題，並要求他們共同探討如何解決這些問題。必須明確指出這是一次純業務的會議，而非紀律聆訊或解決私人恩怨。

ii) **聆聽個別當事人的衝突版本：**在這過程裏，上司需要避免深入追問細節、判斷對錯或選擇立場，並提醒雙方預留足夠時間進行面對面的對話。此外，會議中須設立 TPR 的守則，以確保會議不受干擾，這可能包括在會議前安排其他同事暫時接手緊急工作。具體要求包括：

1. 在特定時間內不得隨意離開（No Walk-Aways）；
2. 所有解決方案需經雙方同意，而非單方強制的決議（No Power-Plays）。

iii) **解釋主持人的角色及會議資訊：**無論主持人屬於甚麼職位，都需要明確說明在會議中的角色只是一名調解員，並不會裁決對錯或提供解決方案，角色相對被動，出席目的在於防止雙方的對話中斷，確保在互相尊重的基礎上專注討論。會議過程中，雙方不能中途無故離開，直至找到解決方案；會上協商的結果，會後必需共同遵守，並提供會議的具體資訊，如日期、時間和地點等。

iv) **確認參加會議：**確認雙方均同意參加會議、遵循守則。

調解會議作為一套系統性流程，每個環節皆具戰略意義，其中尤以「會議宣言」環節最為關鍵。當邀請衝突的雙方參加會議的瞬間，開場的措辭、語調及框架設定，將直接形塑衝突方與會者的認知基模，甚至觸發其潛意識的情緒反應。此際，個體的「自動防禦機制」極可能被激活，故需以高度敏銳性駕馭語言藝術，避免陷入對立僵局，弄巧反拙。

更值得深思的是，若能精準掌握會議宣言中的技巧，不僅適用於職間調解，更能延伸至日常人際互動 —— 舉凡親密關係中的價值觀磨合、親子教養的衝突化解，乃至朋友間的意見分歧，皆可透過「宣言思維」引導對話走向建設性協商。

於附錄 4 中，我將進一步演繹如何將職間調解「宣言設計原則」轉化為生活化的溝通工具，協助讀者在多元情境中實踐非暴力溝通，化阻力為協作契機。

預備會議宣言留意事項

個人狀態：

1. 情緒平穩
2. 不批判、不指責
3. 帶感性心境說出你的關注事項，用中性平和及誠懇的語氣用詞說出你的觀察。
4. 用認真、肯定的態度提出你的邀請。

會議宣言設計框架：

1. 關注事項
2. 衝突證據
3. 會議目標

宣言設計五原則：

不偏不倚、客觀、具體、可解決，以及精確簡潔

表 7　預備會議宣言的 5 個重點

1. 不偏不倚	平衡雙方利益、不會誘過於任何一方
2. 客觀	描述事實、不含指責的言詞或語氣
3. 具體	列出雙方衝突的證據
4. 可解決	可執行的實際行動（確保在雙方職權和能力範圍內）
5. 精確簡潔	免冗長累贅，保持表達的精煉

模擬會議（第一場）：TPR 預備會議

與會者	：病房經理 Evelyn；資深病房護士 Mia
會議目的	：確認 Mia 出席 TPR 三方會議

在開場白清楚說明三方會議的目的，以增強與會者的安全感。促進與會者在 TPR 三方會議中，互相聆聽與表達自己的觀點及個人感受。

Evelyn：Mia 你好，今天邀請你來是希望能約你及 Hazel 一起開會，討論你們之間的合作關係。這次會議不是紀律評核，所以不會有誰對誰錯的評判，也不會責備任何人。請放心，會議中除方案以外，內容都是保密的，希望大家能夠開誠布公，積極交流，讓大家的合作更為順利！

人事分開 ——
人有感情，做得好就要讚，事情則可客觀討論

Evelyn：我想向你表達，我親眼見證你們在過去 10 多年工作中的付出與貢獻，你們都是醫院不可或缺的人才，醫院非常需要你們的專業能力。

Mia：聽你這樣說，我感到非常高興，謝謝你 Evelyn。其實我也非常喜歡在這裏工作，畢竟做了 10 多年，與所有同事之間都建立深厚感情。

表示認同及態度正面

Evelyn：在我和所有同事心目中，你們兩位都是非常專業、經驗豐富的資深護士。不過正如我剛才提到，今次開會是想討論最近你和 Hazel 在病房中發生的衝突事件。

Mia： 我跟 Hazel 之間沒有任何問題呀！（否認存在問題）

會議宣言（Issue statement）：
證據→影響→有待處理事項→期望會議結果

Evelyn： 我留意到你和 Hazel 就應否讓家屬在非探病時間探訪病人的問題上，各自有不同觀點，這導致你們在言語表達上出現一些摩擦，繼而影響了你們的相處方式，並造成了負面的影響（表 8 第 1 點）。昨天有 3 位來自不同職系的同事向我反映，他們因為你和 Hazel 之間的爭執，以及執行標準的差異，在工作中感到困惑和為難（表 8 第 2 點）。

這次會議就是希望大家能夠坦誠地交流，尤其是流感高峰期即將到來，病人入院的情況會隨時增加。我們必須爭取時間盡快解決這個問題，以提升病房的管理質素，為病人提供更好的照護（表 8 第 3 點）。

表 8 會議宣言的 3 個關鍵元素

1.	清楚說明目前因雙方衝突引起的業務問題
2.	客觀地描述引發該業務問題的相關證據
3.	聲明關注必須解決該問題

Mia： 流言的傳播速度果然快過流感！唉……Evelyn，我自己也有點不好意思，那天我真衝動，說話有點大聲。不過你也知道，我向來不會在公眾場合大吵大鬧，更不用說與人爭執了！

Evelyn：這倒是事實。

同事企圖述說細節，爭取上司支持

Mia：就是她（Hazel）做了很多讓人反感的事！她怎能夠這樣對待病人和家屬呢？真的……那位太太發生意外入院已經10多個小時，而她先生的航班因為北京大雪延誤，直到晚上9點後才匆忙趕過來。太太本身有情緒病，因為一直見不到先生諸多疑惑，甚至開始考慮離婚，先生在病房外既焦急又擔心，不停請求想進去探望太太，真的好可憐！

有時候我想，規矩也不外乎人情。我們作為護理人員，在遵守規範同時，也要顧及人性化的關懷。可是 Hazel 卻像鐵板一塊，她只關心自己的權力和位置，完全忽視對他人的關心。假如你見到她當天大聲指責我違反規矩的那種惡劣態度，你就明白她是多麼冷血和鐵石心腸了！

認同感受，句子重組*

Evelyn：Mia，我注意到你仍對那天發生的事情耿耿於懷。你覺得在必要時候給予家屬方便是無可厚非的，更為此才會和 Hazel 發生一些爭執。你希望 Hazel 能在處理事情上展現更多彈性和變通，那晚的情況讓你感到有些無奈。你希望在日後處理類似的個案時，Hazel 能更關心病人及其家屬的感受，是這樣嗎？

Mia：就是這樣！

*** 句子重組的意義**

在衝突時刻，雙方難免會帶有情緒，說話往往可能比較負面或帶傷害性。此時，第三方（如上司）的介入顯得重要。他們可以將這些句子重組，一來不僅能剔除負面情緒，確認說話者情緒背後的正向出發點，讓事實陳述更加客觀，還能幫助雙方從衝突中更容易進入理性的思考狀態。

重申角色及會議目的

Evelyn：我這次召開會議，主要是要你倆進行溝通，而不是追究責任或判斷對錯。在會議當天，我的角色是負責主持和管理會議，幫助你們兩位進行高效的交流，深入了解彼此內心的想法。我最希望是你們一起討論，找到未來改善病房管理的方法，並由你們親自共同制定出切實可行的解決方案。

同事試圖使用攻擊策略

Mia：唉⋯⋯Hazel 本人就是問題的根源！你跟她談一談，叫她改一改，不是可以了嗎？

Evelyn：我希望你能和 Hazel 面對面坐下來，互動地好好了解你們之間相處的挑戰。

Mia：我們之前不就互動了嗎？根本沒有用，Evelyn！這樣真的沒有意義，純粹是在浪費時間。我認為 Hazel 需要再培訓。

轉移事實至懷疑（Doubt Creation）

Evelyn：你知道 Hazel 當時為甚麼會有那麼大反應嗎？她對這件事情上有何想法？

Mia：我真的不在乎。

Evelyn： 那麼你覺得在這個病房工作感覺如何呢？

Mia： 這裏的工作氛圍真不錯！除了 Hazel，其他的同事都很合拍。

現實測試（Reality Test）

Evelyn： 不過，你和 Hazel 目前的相處和合作方式，如果不進行調整，影響其他同事，尚可合拍多久？況且，你認為這對病人會帶來哪些風險呢？如果管理層問我有關你們之間的相處合作，我應該如何回應？

Mia： 嗯，這個……

句子重構至未來

Evelyn： 所以，你們兩位是否需要考慮進行一次直接的對話呢？先了解彼此的觀點和思維是非常重要的。如果有誤會，就一起來澄清；如果有問題，我們就齊心解決。這樣做好不好？

石壁策略 (stone wall strategy，沒有商討餘地）

Mia： 但是……我們之間再一起討論的意義不大，她一向説話都無彎轉（沒餘地）！何況她這個人就算答應了，卻又未必兑現承諾，經常反覆無常。真的信她一成，雙目失明！

句子重組及重構至未來

Evelyn： 似乎你和 Hazel 之間的相處有着令人難忘的經歷。Mia，當有方案時，不妨由你來提出一起探討如何後續落實執行解決方案，這樣可以嗎？

重申會議要求及目的

Evelyn： 具體來説，我希望大家能夠攜手努力，找到改善我們病房管理質素的解決方案。

Mia： Evelyn，你説得非常好！我也希望病房的管理能有所改善，讓病人和家屬都能感受到我們的支持，這樣我工作起來也會更有成就感。好吧，我答應你！

重申角色及此次會議特點

Evelyn： Mia，這次會議並不是我這個上司單方面發號施令，而是交給你和 Hazel 一起合作，尋找解決方案。我在這裏的角色是協助你們保持順暢的溝通，直到找到最佳的解決方案。

Mia： Evelyn，從我的經驗來看這樣的方法可能行不通。

不爭辯，並認同對方情緒

Evelyn： 我明白。在過去的日子，你和 Hazel 之間的溝通難免會遇到不少挑戰，甚至讓你感到失望和沮喪。不過失望的原因，可能就是因為雙方沒有給予足夠時間來進行深入討論，而這些挫折與沮喪的感覺，往往會影響着你們客觀地看待問題。

重構至未來會議過程

Evelyn： 這樣吧！我們可以先制定會議的基本對話規則，確保大家都有共識。當天，我會協助你們進行討論，直到達成最終協議為止。

Mia： 會議大約需要多久呢？

Evelyn： 一般來說，會議需時大約 90 分鐘就足夠了。不過，考慮到你們兩位都是首次參加 TPR 會議，我會特別預留 3 小時給你們。你們要提前安排好手上的工作，讓我們在這 3 小時內不被打擾，專心解決當前的問題。

Mia： 好的，我盡量配合吧！

明確會議安排及守則

Evelyn： 很好！為了確保會議能夠在一個公平且友善的氣氛中進行，我們需要制定幾個簡單的規則。首先，會議期間不能中途無故離開（no walk-aways）。其次，雙方不可以試圖強制對方接受單方面提出的解決方案（no power-plays）。我重申，這次會議不是比賽，沒有贏或輸，也不分對或錯。我們唯一目標是共同努力解決問題，你們真正需要對付的是存在於你們之間的問題，而非對方。

Mia： 好的，我會試着做。

Evelyn： 太好了！我也會和 Hazel 進行一次類似的準備會議，正式的會議定了在這個星期五下午 3 點，我會負責預訂會議室。你也先安排好當天的工作由其他同事暫代，以免會議被騷擾或打斷。我對你們充滿信心！

Mia： Evelyn，謝謝你的信任。

Evelyn： 謝謝你抽時間參與這次調解會議，到時見！

預備會議 6 大注意事項

在前文「模擬會議（第一場）：TPR 預備會議」，有沒有從病房經理 Evelyn 在會議的示範中注意到甚麼？首先，她完全是基於業務問題或需求而召開 TPR 會議，符合 TPR 會議的核心意義，同時在 TPR 預備會議達成 6 個任務：

i) **解釋會議性質：**明確指出這是一場業務會議，會議的討論過程將會保密，結果會根據每個個案而定。

ii) **以客觀事實為依據：**透過客觀事實，向與會的雙方清楚說明衝突對業務造成的負面影響。

iii) **闡明會議終極目標：**雙方必須共同針對定下的問題尋找解決方案。

iv) **清晰界定會議規則：**確保雙方能夠公平對話，會議期間不可無故離場，必須全心投入解決問題，其他事務須預先安排處理，而主持人則須保持中立。

v) **雙方均同意的方案：**任何解決方案必須是雙方都同意的，絕不可以威脅或強制的方式迫使對方接受。

vi) **必要時可採用行政指令：**若有人堅決拒絕參加 TPR 職間調解會議，在必要時採取行政指令，要求出席業務會議。

主持 TPR 預備會議十大實用句子

表 9 預備會議十大實用句子

例句	深層用義／心理暗示
1 今次開會是想和你討論最近你與 Hazel 在病房中發生的衝突事件。	**直指問題，讓對方不能迴避。**
2 我想向你表達，我親眼見證了你們在過去 10 多年工作中的付出與貢獻，你們都是醫院不可或缺的人才，醫院非常需要你們的專業能力。	**認同及當面讚揚對方的工作表現。**
3 昨天有 3 位來自不同職系的同事向我反映，他們感到因為你和 Hazel 之間的爭執以及執行標準的差異，讓他們在工作中感到困惑和為難。	**直接說明衝突事件並非甲、乙雙方私人事件，而是影響到其他團隊成員，屬於業務事件。**
4 我注意到你對那天發生的事情仍然耿耿於懷。	**表示理解對方的情緒壓抑。**
5 你希望 Hazel 能在處理事情的時候展現更多的彈性和變通，那晚的情況讓你感到有些無奈。你希望在日後處理類似的個案時，Hazel 能更關心病人及其家屬的感受，是這樣嗎？	**透過重組句子的技巧，過濾不必要的負面用詞，陳述事實，同時讓對方感到被理解。**

例句	深層用義／心理暗示
6 我這次召開會議，主要目的是要你倆進行溝通，而不是追究責任或判斷對錯。在會議當天，我的角色是負責主持和引導，幫助你們兩位進行高效的交流，深入了解彼此內心的想法。	**點出 TPR 的獨特性：上司／主持將秉持公平和中立的原則。**
7 你知道 Hazel 當時為甚麼會有那麼大的反應嗎？她對這件事情上有何想法嗎？	**一針見血，點出甲方未能肯定的事情而須要與乙方會面。**
8 這個會議並不是我這個上司單方面發號施令，而是交給你和 Hazel 能夠一起合作，尋找解決方案。	**強調甲、乙雙方均有解決問題的自主權及能力，只要他們願意。**
9 一般來説，會議大約 90 分鐘就足夠了。不過，考慮到你們兩位都是第一次參加會議，我會特別預留 3 小時給你們。你們要提前安排好手上的工作，這 3 小時讓我們在不被打擾下，專心解決當前的問題。	**講解會議時間長度、彈性安排以及提醒與會者須事先調動工作。**
10 這次會議不是比賽，沒有贏或輸，也不分對或錯。我們唯一的目標是共同努力解決問題，你們真正需要對付的是存在於你們之間的問題，而非對方。	**重申召開會議的終極目標及需要。**

【第三步】安排第三方調解會議

在安排第三方調解會議的時候，有以下事項需要注意，以確保會議能順利進行：

日期： 以不干擾調解雙方緊急的工作為前提，按個別公司及當事人的情況而定。例如，有些公司逢星期一例會、星期五工作稍為緊迫，那便會選擇星期二、三或四。

時間： 因為這是一個業務會議，所以建議在正常的辦公時間內進行，切忌以加班形式開會，避免未開會已引起抗拒心態；如果將來在機構內建立了職間調解的文化，員工們都已能夠完全適應和接受，那就另當別論。

地點： 在一個能夠保密又不受外間騷擾的地方，可以在會議室或者上司辦公室進行，不適宜在人來人往的飯堂或茶水間進行。

座位安排： 讓當事雙方面對面坐着，以便促進他倆直接對話，而調解員則坐在中間，方便觀察雙方的表情，並在需要的時候與他們對話提出指引。

出席人員： 調解雙方及擔任調解員的同事（如上司、HR 主管或其他合適人士等）。

角色分工： i) 調解員：確定需要解決的問題。
ii) 調解雙方：共同討論如何解決這些問題。

【第四步】進行 TPR 調解會議

模擬會議（第二場）：TPR 調解會議

與會者：病房經理 Evelyn；資深病房護士 Mia 及 Hazel

會議目的：維持團隊的合作精神，提升病房的管理質素及服務水平，為病人提供更好的支援。

Evelyn：Hazel、Mia，我真心感謝你們今天抽出時間到來，對於你們兩位能夠找到解決方案我有充足的信心。

Mia：我也希望能有那麼大的信心。

Hazel：（反眼）彼此彼此。

精簡重申會議的目的，守則和安排

Evelyn：（分別與 Mia 及 Hazel 有眼神的接觸）我知道你持懷疑態度，亦知道你的擔心，但今次會議與你們以往的溝通是有所不同，今日有一套基本的守則幫我們，還記得嗎？讓我再重申一次，好嗎？（尋求共識，與兩人對視）第一條規則是，不可以中途無故離席，在這段不受任何干擾的時間內，你們必須持續討論，直到找到解決問題的方案為止。所以請關掉手機避免打擾。這樣可以嗎？

Mia： 好的。

Evelyn： 第二條規則是，不能玩權力遊戲。即是說沒有人可以單方面強制對方同意自己的方案，所有方案必須是雙方都能接受的。清楚了嗎？

Hazel： 沒問題。

Mia： 好的。

重提一次業務問題及本次會議的目標

Evelyn： 讓我們了解一下目前病房的情況吧！最近我收到一些病人的投訴，他們希望我們的服務能夠及時跟進。同時，病房其他同事也表達了他們的困惑，因為他們注意到你們之間似乎再沒有直接對話，這樣的相處方式已經開始影響到團隊的服務水平。因此我需要你們兩位討論出一個切實可行的解決方案，維持團隊的合作精神，提升病房的管理質素及服務水平，為病人提供更好的支援。請問誰願意先開始表達？

Mia： 坦白說，Evelyn，我認為問題在於 Hazel。她好勝、挑剔，且過於自我中心，這導致團隊形象受損。

Hazel： 太荒謬了！Evelyn，這正是我之前警告過你 Mia 的那種爛態度。

Evelyn： 我再提醒你們要彼此溝通，而不是對我發言，你們甚至可以當我不存在。誰想繼續？

遇到對話內容或態度有風險必須馬上介入

Hazel： （向 Evelyn 說）我想知道她為甚麼會有這樣的想法……（Evelyn 看着 Mia，示意 Hazel 跟她

直接說話）

（向 Mia 說）我想知道你所說的那些好勝、挑剔、自我中心的是甚麼意思？

Mia： 你有哪裏不明白？

Hazel： 我知道你真的不喜歡守規矩，又喜歡自把自為。

Mia： （向 Evelyn 說）你看，我就告訴過你，她會這樣說。（Evelyn 示意 Mia 直接跟 Hazel 對話）

（向 Hazel 說）你不知道你不近人情嗎？你只想把所有責任都歸咎於我。

Hazel： 哪有這種事？給我舉一個例子，你在說甚麼？

Mia： 我們上次在總部開會時，你在總監面前特意大聲詢問病房守則的嚴重性，就是想指責我在非探病時間讓家屬探訪的決定，並埋怨我彈性處理特殊個案。這不是好勝、挑剔是甚麼？你對病人和家屬沒有同理心，其他同事也認為你冷血，我們在工作時的協作不太順利，這情況其實是由你造成的。

Hazel： 我簡直不敢相信我聽到這些。

Mia： 你就是這麼做的。

Hazel： 我不這麼認為，這是你對我錯誤的結論。

Mia： 我認為是，而且，我覺得受到了不公平的攻擊。

Hazel： 你覺得很不公平？

Mia： 是。

Hazel： 你覺得我在會議上發言的目的是甚麼？要不是你犯的錯誤，我就無需要處理。

Mia： 你明顯是特意挑我出來指責的，我並沒有犯錯誤，你沒有在聽嗎？

使用不同方法，讓他們繼續對話

（雙方沉默了幾秒鐘）

Evelyn： Mia？

Mia： （向 Evelyn 説）我只是彈性處理特殊個案，我是在幫病人與家屬，結果卻是這樣。看！這真是浪費時間，我沒有其他話要説了。

Evelyn： Hazel、Mia，我希望你們能想想，如果我們不解決這個團隊合作上的問題，會有甚麼結果？病房服務質素如何？團隊的合作精神如何？你們繼續談下去吧！

防止轉移話題，引導雙方重新聚焦業務問題

Hazel： 好的，Mia，我在聽。我想了解多一些。

Mia： 你還有甚麼想理解？你根本沒有在聽，其實你永遠也不會認真聽。

當其中一方有善意表示，便須介入支援

Evelyn： Hazel，你説你想了解。你想了解甚麼？

Hazel： 我想了解為甚麼她不願意承擔責任？

Mia： 還是算了吧，我不想再待在這裏了！（站起來想離開）

執行會議規則，目的是讓他們繼續對話，只有對話才能有方案

Evelyn： Mia，還記得會議規則一，不能無故離開，你們必須持續討論，直到找到解決問題的方案為止，我們繼續嘗試吧！(Mia 坐下) 現在讓我們繼續。

Evelyn： Hazel，我沒聽到你説太多，你對 Mia 所説有何感受？

Hazel： Mia，我想告訴你，我是在幾個月前被總監指派在總部開會時提出病房守則的問題；總監指出他覺得病房有輕微紀律問題，但又不至於要直接處理，所以他想要我在年度大會中作出一些提醒。（善意表示）

就在那天，我知道在非探病時間，有男士進入女病房探病時，而准許的人竟然是你，我是又急又氣，因此反應有些激烈，令你難受。（善意表示）

Mia： 你應該道歉。

Hazel： 是的，我很抱歉。（善意表示）

Evelyn： Hazel，你説你很抱歉。你能告訴 Mia 多一些關於這方面的事嗎？

抱歉也是另一個善意表示

Hazel： 病房管理是我的責任，我特別擔心有病人或家屬會因為在非探病時間，有男性進入女病房而提出投訴。萬一事情鬧大了，可能不僅是在年度大會中提醒，而且有可能發出警告信給同事。但我知道，在病房大聲喊叫並不恰當，這樣會讓你感到難堪。

Mia： 如果你知道這樣不妥的話，為甚麼還要在病房裏大聲指責我破壞秩序，讓我感到難堪？

Hazel： 那不是我的本意，我從來沒想過要傷害任何人。如果我當時的反應讓你難堪，我在這裏再次表示抱歉。（善意表示）

Mia： 你很抱歉，那麼解決方法就很清楚了。改變你的態度，不要再大聲指責我，及把錯誤歸咎於我。在我而言問題就解決了，我們現在就可以回去工作了。

執行會議規則二，防止權力遊戲

Evelyn： 這可能是其中的一個解決方案。Mia 你認為這公平嗎？

Mia： 我認為是的。

Evelyn： Hazel，你呢？你覺得怎樣？

Hazel： 我覺得是屬於單方面強制的方案。

Evelyn： 還記得我們的目標是找到一個雙方都能接受的解決方案嗎？這不僅要滿足你們兩位的需求，還要妥善解決病房服務的問題，並維持團隊的合作精神。你們再深入探討一下吧！

重申開會目標

Mia： 還有甚麼可以探討的？

Evelyn： Hazel？

Hazel： Mia，我還有更多想了解的。我知道我在病房時大聲指責你是我不對，我要承擔責任，但我想知道誰該為批准家屬在非探病時間入病房的錯誤負責？

Mia： 又是這樣！前一分鐘你承認自己的責任，下一分鐘你就想把責任推給別人，你還是不明白。

Hazel： 我承擔在同事及病人面前不當的行為，但誰要為家屬入病房一事負責？

Mia： 好吧，我承認我讓家屬進入病房，這確實違反了醫院的規定。不過，起初我也不批准那位男士在非探病時間進女病房，只是作為醫護人員，在面對不同情況時，我們應該保持彈性處理的能力。我不認為是錯誤。

支持善意表示

Evelyn：Mia，你剛才提過自己「起初也不批准那位男士在非探病時間進女病房」，你能多告訴 Hazel 一些關於這方面的事情嗎？講解一下當時的衡量？或者有甚麼苦衷？

Mia：當天這位女病人因為交通意外住進了醫院，恰巧她的丈夫正在出差，專程從北京趕回來。不料在途中一下分心，扭傷了腳踝，這也延誤了他的航班，最後抵達醫院時，已經超過了探病的時間。更糟的是，他們新婚不久，便被指派到北京工作，太太在這段期間有些情緒不穩定，經常疑神疑鬼，其後遭遇車禍時，丈夫又不在身邊，讓她的情緒變得更加不穩定，甚至在電話中，她一度情緒激動地提及要離婚。丈夫因此非常擔心，想讓妻子知道他對她的關心，希望能挽救他們的婚姻。聽到他的遭遇，我心裏也不禁緊一下，因此才特別破例允許他進入病房探望。丈夫也答應只逗留幾分鐘，讓妻子看到他親自來探望，安慰幾句後就會離開。我沒想過會有甚麼後果。

Evelyn：所以你想幫助這對新婚夫妻。

Mia：（點頭）我不知道總監早已盯上我們病房，覺得我們有紀律問題，我很抱歉讓團隊失望了。

Evelyn：（看着 Hazel，等待她的回應）

Hazel： Mia，我非常感謝你對病人及家屬的關心，原來背後的情況這麼複雜，如果我早知道，或許會考慮給予一些彈性處理。我想讓你明白，總監並不是特別盯上我們病房，他只是希望我能及早提醒同事遵守醫院的規定，以免待他日後指出時引起同事的恐慌。此外，我也知道自己在會議前沒有提前分享他的想法，這方面我做得不夠周全。

提醒今日會議目標

Evelyn： 看來你們之間的基本溝通問題已經被提到了。那麼，你們該如何改善這方面的溝通呢？

Mia： 對，我們真的需要討論，如果將來大家對工作上的事情有不同看法，要直接溝通。

Hazel： 贊成！另外我想我們可以向其他同事交代一下這次事件的始末，並分享調解會議及解決方案，這樣可以提升我們的管理水平。

Mia： 是的，我也完全同意。
如果首先討論如何建立同事之間工作的默契，Hazel 你覺得怎樣？

（雙方繼續討論……）

當雙方停止互相指責，將焦點回歸工作本身時，他們自然會找到解決方案。畢竟這是他們的工作，各自具備解決問題的能力。以往的溝通困難，多數源於情感上的不願意而已，一旦他們對方案達成共識，當經理（Evelyn）作為主持人確認該方案在表面上是可行，又符合公司政策，那麼便可以為他們撰寫一份工作備忘錄，讓雙方清楚

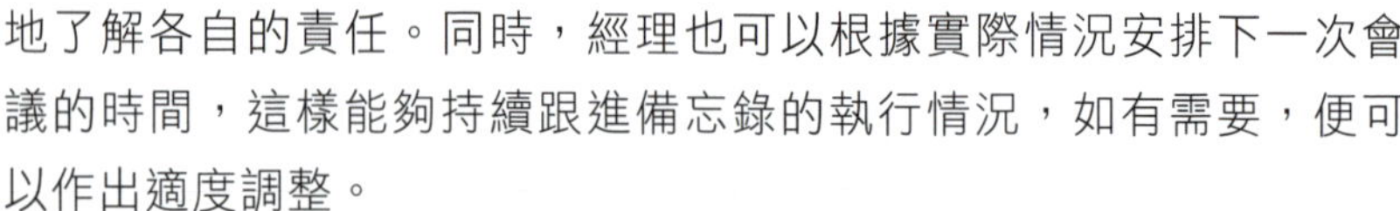

地了解各自的責任。同時，經理也可以根據實際情況安排下一次會議的時間，這樣能夠持續跟進備忘錄的執行情況，如有需要，便可以作出適度調整。

表 10 三方會議建議金句

- **你說你想了解。你想了解甚麼？**
- **我沒聽到你說太多，你對對方所說有何感受？**
- **你說你很抱歉。你能告訴對方多一些關於這方面的事嗎？**
- **還記得我們的目標是找到一個雙方都能接受的解決方案嗎？剛才提出的方案是否雙方都同意？**
- **你剛才提過自己起初也不想「違反規定」，你能多告訴對方一些關於這方面的事情嗎？講解一下當時的衡量？或者有甚麼苦衷？**

TPR 調解會議補充教材

一、善意表示

當兩位病房護士在第三方引導下討論事件的真相，只要他們不能離開會議現場，也不能強制對方接受自己的方案，這樣的情況，問題往往會愈辯愈明。儘管過程裏可能會產生一些爭論和情緒宣洩，但雙方在討論中會陸續釋出善意的表示。調解員在這時最重要的任務，就是要留心聆聽雙方的善意表示，並立刻給予支持。因為當事人鼓起勇氣說出真心話或道歉時，他們的心理狀態往往較為脆弱，因此調解員需要全力提供支援和引導。

在衝突中，善意的表達可以有助降低緊張情緒，並促進對方的積極回應，從而打破報復的惡性循環。甲方的善意表示能觸發乙方的善意回應，但僅僅單一互動並不足以促成協議，這個過程往往會持續反覆地波動，當雙方充分表達彼此想法和感受後，經歷身心的疲憊，自然突破衝突，朝着解決問題的方向思考。

善意表示的例子

在「模擬會議（第二場）：TPR 調解會議」中，善意表示的例子包括：

i) **真誠道歉：**誠懇地道歉，對於任何錯誤或誤解表達歉意，是最有效的善意表示方式，但卻是最難做得到的。

「就在那天，當我知道在非探病時間，有男士進入女病房探病時，而准許的人竟然是你，我是又急又氣，因此反應可能有些激烈，令你難受。」
「那不是我的本意，但我從來沒想過要傷害任何人。如果我當時的反應讓你難堪，我在這裏再次表示抱歉。」
「我不知道總監早已盯上我們病房，覺得我們有紀律問題，我很抱歉讓團隊失望了。」

ii) **創造方案：**主動提出雙方都能接受的解決方案。

「原來背後的情況這麼複雜，如果我早知道，或許會考慮給予一些彈性處理。」

iii) **表達情緒和同理心：**分享自己的情緒，理解對方的感受，坦誠自己的恐懼和期望。

「我特別擔心有病人或家屬會因為在非探病時間有男性進入女病房而提出投訴。萬一事情鬧大了，可能不僅是在年度大會中提醒，可能是發出警告信給同事。但我知道，在病房大聲喊叫並不恰當，這樣會讓你感到難堪。」

iv) **承認責任：**承認自己在過程中有所不足，對行為或操作上的失誤願意承擔負責。通常在爭執中，我們往往焦點只會指出對方的錯誤，但實際上，每個人都可能在某些方面有一定的責任，或許是做得不夠，或是做得過多。當我們冷靜下來後，誠實撫心自問，往往能發現自己的不足。

「好吧，我承認我讓家屬進入病房，這確實違反了醫院的規定。」
「我也知道我在會議前沒有提前分享他的想法，這方面我做得不夠周全。」

v) **重申共同目標：**提醒對方你們的共同目標，強調合作的重要性。

「我們真的需要討論一下，如果將來大家對工作上的事情有不同的看法，該怎麼溝通才好呢？」

vi) **請求意見：**放下對方的批評，誠摯地尋求真實的意見，以開放的心態接納所有意見。

「我在聽。我想了解多一些。」

vii) **自我揭露：**分享一些個人的資料、看法、處境或困難，表達對某些決策後果的擔憂，或在團隊中感受到的壓力和不安。

「我想告訴你，我是在幾個月前被總監指派在總部開會時提出病房守則的問題；總監指出他覺得病房有輕微紀律問題，但又不至於要直接處理，所以他想我在年度大會中作出一些提醒。」
「我沒想過會有甚麼後果。」

二、調解員三項重要任務及執行貼士

作為職間調解員，在 TPR 第三方調解會議上有 3 項重要任務：

i) 確保雙方的持續討論；
ii) 支持善意的表達；

iii) 等待。

成功執行任務的貼士

【任務 1】確保會議一直保持討論

調解員的角色是確保雙方在會議中持續參與，直至找到解決方案，幫助解決業務問題，雙方才能離開。為甚麼這點那麼重要呢？在之前的篇章中已經提過人類面對壓力或衝突時與生俱來的自然反應：「鬥爭」或「逃避」。基於這一點，TPR 調解的兩大基本守則便應運而生，以防止對抗和逃走出現。

守則一：在雙方達成共識之前，必須持續進行討論，雙方不得隨意離開，直到找到一個雙方都能接受且可行的解決方案為止，這是為了防止任何一方逃避問題的責任。

守則二：為避免任何一方試圖以強勢手段，迫使對方接受單方面的決定，所有解決方案均必須經過雙方同意，才屬於最終的解決方案。

作為調解員，我們必須要求雙方持續參與討論，並確保大家遵守會議規則。如果有任何一方偏離了這些規定，本來隱身的調解員就需要立即介入，提醒他們重回正軌。

Tips 1

i) 出言提醒：若有當事方想離開時，調解員需友善地提醒。

「你曾經同意，會議期間不會隨意無故離開，還記得嗎？」
「我已經有一段時間沒有聽到你的回應了，你在思考甚麼嗎？」
「今天我們預留了 90 分鐘的討論時間，直到找到一個雙方都能接受的解決方案，會議才會提前結束。」
「倘若這個會議無法進行，明天你們又要在工作上繼續爭拗，那麼你們打算再浪費多少時間在這爭執上？當大老闆查問已出現的業務問題時，我該如何回應？要怎麼向大老闆解釋這一切呢？」

ii) **施加壓力**：若當事人仍然堅持要中途離開，調解員可以適度運用自己的職權，要求他留下來完成討論。

「如果你堅持要離開，我唯有運用我的職權來制定一個解決方案。到了那時，你們兩位就無法參與討論，不能表達自己的意見，只能按照我的指示行事。這樣的結局，是你們想要的嗎？」

「現在大家有機會進行公平的討論，但如果你們選擇不參與，屆時我必須向大老闆匯報結果，他可能會指派其他管理人員接手處理，並單方面做出決定，你們也將無法提出上訴，唯有後果自負了。」

【任務 2】支持善意的表達

所有善意表示的特點是它本身帶有風險，讓對方知道自己的脆弱。

一般在溝通中，善意表示往往會被忽視，甚至當事人也未必察覺自己做了善意表示，因此支持這些善意表示，變得相當關鍵。作為一名調解員需要非常仔細地聆聽，並在恰當的時機把握住這瞬間即逝的善意表示，否則它們可能會輕易地流走。支持這些善意表示，使得各方能更好地表達自己的感受和需求，這樣有助促進雙方彼此理解和解決衝突。

Tips 2

善意表示	支持
我都不知道會如此。	如果你知道的話，你的做法會如何不同？
我都好沮喪／擔心／無奈。	我聽得出你對這件事情（這些話）有強烈的情緒反應，試説明是甚麼令你有此等感受？

善意表示	支持
我擔心如果我們現在採取這個方案，可能會影響到未來的發展。	我聽到你的擔心，解說多一點讓對方明白。

【任務 3】等待突破時刻發生

在【第 2 章 2.7 節：忽然和解四條件】中，我們提到了邁向和諧的四大關鍵元素：包括：

i) 彼此坦誠地宣洩；
ii) 長時間的宣洩後的身心疲憊；
iii) 每個人對和平的渴求；
iv) 人類天生的抑制性反應能激發善意表示。

只要持續執行上述兩個任務（確保會議一直保持討論＋支持善意的表達），然後等待「忽然和解」的四大關鍵元素，當突破的時機來臨之際，雙方便會從互相對抗自然轉化為共同面對問題。

Tips 3

一般的調解模式，例如促進式調解、穿梭式調解、評估式調解，調解員是非常積極和主動參與當事人的討論。而 MTI 的職間調解模式，調解員是頗為被動的，有點類似轉化式調解（Transformative mediation)。調解員需要專心聆聽，耐心等待任何一方發出善意訊息；一旦發生，調解員只要作出支持和鼓勵，便可導引雙方跑入善意循環的直路，促進終極解決方案的誕生，因此毋須專業調解員，只須懂專心聆聽、懂溝通和中立的同事，便可以主持會議。這個過程是無法強迫，只要雙方有足夠時間繼續討論，不離題，不強迫，便會有如種子般發芽生長。

【第五步】跟進會議

TPR 三方調解會議中，衝突雙方透過討論及協調，產生**一個雙方同意的解決方案**，這個方案需要白紙黑字記錄和整理成報告，有根有據，方便雙方落實執行，及避免日後不必要的爭拗。記錄需要公平公正、行動為本、平衡雙方利益。

這個解決方案須具備以下 4 個條件：

i) **平衡雙方利益：**雙方均感覺公平，如果有一方覺得不公平，自願遵守協議的可能性便會迅速減少，但對於公平性的最終判斷要留給當事人。

ii) **具體性行動：**清楚列明調解方案所需的行動、由誰負責、何時負責、何時驗收，以及所需支援等，缺乏具體行動內容的協議將難以監控。

iii) **白紙黑字、有根有據：**記憶中的協議不太可能準確，因此撰寫一份清晰列出細節的文件非常重要，這樣不僅便於監管執行，還能在日後召開跟進會議時作為可靠的依據。這份協議通常不會是正式的法律文件，而是詳細記錄爭議雙方達成的具體內容，未來若有需要時，可以作為提醒彼此的參考。雖然這些協議不具法律約束力，但可以視為雙方對彼此及自身遵守的合理期待與責任。

iv) **確保機構利益：**遵從公司運作的理念和政策。

TPR 會議後都必需要**進行至少一次第五步的跟進會議**，因為當事雙方在達成協議時可能忽略了一些細節，執行上未必可以達致當初討論的效果，而跟進會議主要針對如何改善協議中提出的方案再進行討論，並不是重新啟動第四步的 TPR 調解會議。

第一次跟進會議的安排，應根據兩位當事人協議的需求來決定。如果協議涉及每週的任務，那麼跟進會議可以安排在一週後；如果需要每天遵循，那麼跟進會議應安排在數天後進行。透過這樣安排，更理想地確保協議的有效執行，並持續改進合作的過程。

表 11 重溫 TPR 五部曲

5 個步驟	動機	預期目標	如何實現
第一步 上司衡量介入調解的性價比。	解決職間衝突引起的業務問題。	確認是次衝突事件和當事人，是否適合接受和值得職間調解。	向衝突雙方、周邊同事、合作團隊了解多一點背景資料後，進行分析。
第二步 預備會議，分別約見衝突雙方。	安排 TPR 調解會議。	讓衝突雙方同意進行調解會議。	讓雙方了解何謂 TPR 會議、申明會議規則，以及會議對雙方的好處。
第三步 安排 TPR 調解會議。	讓 TPR 會議按計劃進行。	預防任何可能妨礙會議順利進行的因素。	安排時間、日期、地點、座位等細節。

5 個步驟	動機	預期目標	如何實現
第四步 進行 TPR 調解會議。	找出解決方案，在問題嚴重爆發之前，為公司止蝕，提升團隊合作、生產力及業績。	讓衝突雙方經過討論、協商，逐步達成解決方案。	會議作為溝通的工具，讓衝突雙方透過持續對話理解對方的立場與感受、工作上面對的困難，調解員支持各方的善意表示，解開雙方對彼此的誤解或不了解。
第五步 跟進 TPR 調解會議。	確保解決方案落實執行	跟進解決方案進行的情況。	根據調解方案的記錄，就方案執行上的困難或問題，找出解決方法。

為何引入 SCC 自行調解會議？

夠膽提出調解的人才是真正的英雄，
這並不是示弱的表現，勇者才無懼。

SCC 自行調解會議的定義

SCC（Successful Conflict Conversations）自行調解會議，相較於 TPR 第三方調解會議更為進階。TPR 的主要特色在於有一位第三者調解員坐鎮，當衝突雙方遇到矛盾和盲點時加以協助，提供支援和提醒。SCC 會議則不設第三方，這意味着發起會議的人需同時肩負調解員與當事人的雙重角色。這樣一來，對於個人情商和溝通技巧的要求便顯得格外重要，也讓整個過程更具挑戰性。

下表列明了 TPR 與 SCC 調解的異同之處：

表 12 一表看清 TPR 與 SCC 的異同

會議種類	TPR 第三方調解方案	SCC 自行調解會議
與會人數	3 人	2 人
提請會議	調解員	甲方（會議發起人）
與會者	i) 甲、乙雙方 ii) 調解員	甲、乙雙方
調解員誰屬	第三方：上司、HR 主管，或受甲乙雙方信任的同事	甲方

會議種類	TPR 第三方調解方案	SCC 自行調解會議
與會者焦點	i) 調解員聚焦要解決甚麼問題（What to resolve） ii) 衝突雙方聚焦如何解決問題（How to resolve）	與 TPR 相同；唯一不同是調解員由甲方兼任，而非第三方。
調解過程	調解員決定並邀請各方參與調解會議，若有任何一方不願意出席，調解員也可行使權力強制召開會議。 在會議期間，調解員確保雙方遵守基本規則，必要時堅定地要求雙方繼續討論，直到找到雙方都能接受的解決方案為止。 在雙方爭拗的過程中，調解員需要專心聆聽，靜候任何一方表達善意的時刻，並適時給予鼓勵和支持，幫助另一方理解對方的良好意圖。這樣可以促進雙方打破報復的循環，引發善意循環，啟動天賦的抑制反射，啟發理性互動模式，進入更積極的討論。	甲方作為會議發起人，若對方不願意出席，甲方不能強迫召開會議，只可以説之以利，直至對方答應為止。 在會議中，甲方要確保雙方遵守基本規則；若有違反，甲方只可以請求繼續討論，直到雙方共同找到可接受的解決方案。 除了表達自己的真實感受外，甲方在面對對方的指責時，要展現高情商，鼓勵對方表達意見。同時，要專心聆聽對方的善意表示，並盡量主動釋出善意，促進良好的溝通氛圍。

SCC 4部曲

第一步 主動出擊

TPR 會議與 SCC 會議的最大分別在於，前者由第三方邀請衝突雙方參加預備會議，他既要解釋會議目的和規則，亦要主持第三方的調解會議。而在後者中，則由甲方主動邀請乙方參加自行調解會議。

主動出擊的任務

i) **接觸對方：**選擇合適的時間和地點邀請對方參加自行調解會議。

ii) **會議宣言：**既然甲方同時擔任調解員的角色，就必須事先準備好會議宣言，而準備的過程和原則可以參考以上的 TPR 會議。

iii) **請求：**邀請對方與你一起進行自行調解會議。

iv) **銷售會議：**許多時對方會用不同的理由拒絕你的邀請，甚至會因情緒波動而大發牢騷、提出多項指責，難免想要即場爭辯。以下是基本的銷售會議技巧：

❶ 先認同對方的反對意見；

❷ 展示接受會議的好處，讓對方明白這對雙方自身利益有何助益；

❸ 重複你的會議邀請和會議宣言，直到對方同意參加會議為止。

＊切忌與對方在這階段爭辯，目標只是確認對方一定會出現會議。

v) **會議守則：**與 TPR 一樣設定會議守則（可以參考 TPR 會議），包括：

❶ 會議期間，不能無故離開；

❷ 不能強制對方接受自己的要求。

vi) **時間與地點：**確定職間調解會議的時間與地點。

第二步 規劃及安排雙方會議

規劃的目的是為了創造一個促進有效溝通的氛圍，選擇合適的日期、時間和地點；在選擇地點方面，最好避免在甲乙雙方的辦公室，以免有主場之利而影響到會議，並預留足夠的時間進行討論。

第三步 進行調解會議

第一步及第二步，是為第三步進行調解會議做準備；在會議中，發起者甲方需要執行兩項任務：

1. 確保「基本流程」的持續進行。
2. 支持善意表示。作為發起人，要支持對方表達善意，可以試着確認對方所表達的，適當時候也要主動地釋出善意。

第三步與 TPR 最明顯的區別在於，這裏沒有第三方調解員的引導與緩衝，因為 SCC 是自行調解會議，只有衝突雙方出席。在這種情況，發起者需要同時扮演當事人和調解員的角色，因此需具備高情商和出色的溝通技巧。

表 13 SCC 調解員需要注意的事項

雙重角色	靈活地切換調解員與當事人之間的角色，妥善管理自己與當事人的情緒。
遵守規則	確保雙方保持溝通，直至找到彼此都同意的方案，中途不能無故離開，亦不玩權力遊戲強制對方接受自己的方案。
釋出善意	由於調解員本身又是當事人，故可以在適當時候盡量釋出善意以便引起對方的善意回應。
會議宣言	重複會議宣言，集中討論解決商業問題。

第四步 跟進會議

按個別情況而定，設定一個日期、時間、地點，讓雙方一起檢視在執行過程中遇到的任何問題，然後再商討改善方法。

模擬會議（第三場）：SCC 預備會議

與會者　：客戶服務部總監：Paul（甲方，身兼會議發起人及調解員）；
創意總監：Jen（乙方）

會議目的　：邀請對方參與 SCC 自行調解會議，講解會議目的、與會須知、確定會議時間與地點

第一步　主動出擊

開宗明義點出開會目的

Paul:　你好 Jen！我想找個時間和你開會，討論大家合作時遇到的一些挑戰，而這些挑戰已經影響我們團隊的表現。我們的工作性質需要良好默契，但最近似乎有些落差。我注意到我們的營業額有下降趨勢，而最近數次的簡報提案也未能成功簽約。下週便有 ABC 品牌客戶的簡報提案（pitching），我們不如抓緊時間，明天開會討論改善的方法，好嗎？

Jen:　有甚麼好討論呢？只要談成生意，我把廣告文案交給你們，不就好了嗎？

保持客觀，不墮入對方的情緒陷阱中

Paul:　Jen，我們最近確實有數個提案失敗的情況。

Jen:　啊！你這樣說是甚麼意思？難道是我搞砸嗎？你又想把責任賴在我的頭上！

Paul:　我並不是這個意思。之前大家合作時可能出現了一些分歧，加上最近數次的提案都沒有成

功，大老闆也開始關心這些情況了。對於這個新項目的提案，大老闆必定會盯緊。因此，我建議我們開個會，處理一下在合作過程中所遇到的問題。

Jen: 大哥呀！合作本來就是這樣！一向都是我負責創作，你負責與客戶聯繫。只要你別老是抱怨我交稿慢、改動多，其他都沒問題。哎，不如你再幫忙在供應商開發方面多下點工夫吧！

集中分析問題癥結所在

Paul: 嗯，我明白你的想法。但我真的很想弄清楚最近提案失利的原因是甚麼，我們能做些甚麼來提高提案的成功率。

Jen: 原因很明顯就是因為你每次對我的創作說三道四，意見多多，但又毫無建樹。你不再對創作指指點點便可，毋須浪費時間開會，花多點時間做提案更好了！

Paul: 聽到你對我有不滿，正好可以一併檢討，改善我們合作的問題及提案失敗的原因，減低對彼此的期望落差，好嗎？

Jen: 我們已經時常開會，這次有甚麼不同？為甚麼要另定日子再開會呢？

Paul: 今次是檢討彼此之間的合作模式，總部對我們的合作和表現非常重視，因此我們需要盡快討論改善的方法。同時，這次會議跟以往有所不同，我建議有兩個基本守則。首先，我們要給彼此足夠的時間進行討論，會議期間不可以隨意離開，直到我們找到可行的方案為止。其次，我們所討論的方案必須是大家共同接受，沒有人可以強迫對方接受自己的提案。

Jen: 你知道我每天都忙，又要開會，又要處理各種事務，根本沒有太多空閒。

Paul: 我理解，所以才希望我們能夠盡快召開會議，提出改善方案，讓下週 ABC 品牌客戶的提案成功。

第二步 規劃及安排雙方會議

約實時間地點

Paul: 現在距離下一次提案還有一些時間，希望經過這次會議後我們的合作能有所改善。不如明天早上 9 點在會議室，好嗎？

Jen: 那我們要談多久？

Paul: 一般大約需要一個半到兩小時，討論到有方案為止。

Jen: 哈，這麼久啊？平常我們都是花半個小時便可以，而且我明天上午還有其他會議呢！

Paul: 明白你很忙，以往我們可能就是只用半個小時，實在太倉促，很多細節無法談清楚，影響了提案的成功率。我希望這次能好好溝通，一起找到改善的方案，做好這個新項目，讓老闆滿意。

人事分開、保持和諧溝通

Jen: 哼！你總是把問題賴到別人頭上，這次連老闆也賴！

Paul: 嗯，我明白你有這個感覺。其實我們的客戶部非常需要你們創意部的支持，希望能一起合作把這個項目做好，提升管理層的滿意度。

Jen: 好吧，但我只有 90 分鐘，時間一到我就得趕去下一個重要會議。

Paul: 很好，那我們就好好利用這 90 分鐘！我再強調一次，這次會議目的是希望我們能深入溝通，找到共同的解決方案。總之，只要我們談得好、做得好，表現出色，大家都能受益。明天 9 點見！

模擬會議（第四場）：SCC 自行調解會議

與會者：客戶服務部總監：Paul（甲方，身兼會議發起人及調解員）；創意總監：Jen（乙方）

會議目的：改善合作的方式，提升簡報提案的成功率。

第三步 進行調解會議

Paul: 早晨 Jen。感謝您抽空與我進行會議，我相信我們能達成一個平等而互利可行的解決方案。

Jen: 我也希望這樣。

Paul: 我了解你的顧慮。我認為大家先同意會議的基本規則，會對彼此有所幫助。可以容許我重提一遍嗎？

Jen: （點頭答允）

Paul: 好的。第一條規則，不得無故離開。這意味着，我們要找到解決方案才能散會。我已經關掉手機，並且留言叫其他人不要打擾我，你也已經這樣做嗎？

Jen: 是的。

Paul: 很好。第二條規則是 No Power-plays，即是我們不會試圖強迫對方接受單方面的解決方案，直到找到一個雙方都同意而且是平衡雙方都關注的解決方案，你同意嗎？

Jen: 沒問題。

Paul: 太好了。那麼，讓我們先澄清今日開會目的。以我所見，我們在合作上遇到了困難，而這些困難或已經影響我們團隊的表現，甚至影響到公司提案的成功率。今日就是為了尋找一種有效合作的方式，並提升客戶提案的成功率及服務滿意度。你同意嗎？

Jen: Paul，坦白說，問題出自你身上。你對客戶千依百順，有問題又不敢直接問清楚，只懂向客戶說：「好的好的」。其實你要讓他們知道，有些天馬行空的要求是不切實際，而且提供的製作時間又緊迫，但你永遠只會說好好好！我當然知道，不用勞動你出手吧！

Paul: 好的。讓我們從這裏開始，我想了解多些。

Jen: 你哪裏不明白？

Paul: 我知道你一向認為我對客戶千依百順，我想知道自己做過甚麼事情，會讓你對我有這個觀感。能舉個例子嗎？

Jen: 上次內部開會時，你沒有對我的故事構思提出任何意見，直至一起到客戶講解提案時，當客戶反映內容與他們所要求的有落差時，你的反應好像「事不關己，高高掛起」，還夠膽在客戶面前説：「他們是創作部，不明白你的想法……」仿似同我們創作部劃清界線，客戶服務部完全沒有任何責任。你根本不在乎詆毀別人，只想自己上位，自我陶醉，自私自利。

Paul: 嗯。所以看來我比較專注於你們的錯誤，而不是我部門的問題，對嗎？

Jen: 沒錯。正是你所造成的。

Paul: OK。對此你有甚麼感覺？

Jen: 你覺得我還可以有甚麼感覺？我超生氣！你沒有理由把所有錯誤都歸咎於我。

Paul: 我明白了。當時指出你不明白客戶的想法，你一定感覺很尷尬。

Jen: 這些都不是我不明白客戶。你沒有在聽嗎？（從座位上站起來）

Paul: 對不起。請解説一下，為甚麼不是你不明白客戶？

Jen: 服務客戶是你的責任，我只是幫助你完成任務！算了吧，再談下去也沒用。（從座位上站起來以示離開）

Paul: Jen 先等等，請讓我明白。

Jen: 你不明白。你永遠也不會明白！

Paul: 你還記得我們曾答應未有方案前不會離開嗎？我們繼續嘗試溝通，好嗎？

Jen，讓我跟你分享一些事情。我應該在見客戶前認真詳細了解你們的故事構思，確保與客戶要求互相配合，但因被無數事情纏住而沒去做，直至我到達會議現場才發現客戶的要求沒有完全加入提案中，頓時感到措手不及。我當時的反應很差勁，對此非常抱歉！

Jen: （忿忿然）你是應該感到抱歉。

Paul: 我很抱歉，我是要對客戶負責，這是我的責任。

Jen: 如果你知道，為甚麼還要讓我難堪？

Paul: 那不是我的本意。我知自己急於辯護，但從來不是要傷害你或其他人。我只是……沒有想到當時的反應會讓你難堪，我很抱歉。

Jen: 你很抱歉？OK 呀！在我看來，解決方法很明顯是改變你的態度，我們現在就可以回去工作了。

Paul: 或許這只是解決方案的一部分，但我覺得有點單方面的方案。我們同意尋找一個能讓我們雙方都滿意的解決方案。所以讓我們繼續探討。

Jen: 還有甚麼探討？

Paul: 我想了解更多。我明白在開會討論提案時沒有認真了解故事構思，是我不對，但亦想知道誰該為提案中錯誤理解客戶的要求而負責，是誰的責任。

Jen: 你剛才說是你。

Paul: 我確實要對講解提案負責。而那個提案的內容，是由創作部團隊努力製造出來，不是嗎？你提醒我這一點。

Jen: 沒錯。

Paul: 好的。那麼作為團隊成員，你對創造提案有甚麼責任需要分擔？

Jen: 現在你又在扭曲事實來責怪我了。

Paul: Jen，我不是在怪責你。但我已經為自己對整體的結果承擔了責任。我也希望你能為應付的責任承擔。你的責任是甚麼？

Jen: 好吧，我想自己亦犯了一些錯誤，但這不全是個人的錯。

Paul: 好的。Jen，非常感謝你承認犯了一些錯誤。你可以告訴我更多關於這方面的事情嗎？

Jen: 等等，你聽到我説的嗎？它們不會是我的錯。

Paul: 好吧，Jen，我想知道它們怎麼不會是你的錯呢？

Jen: 那次簡報會議時，我手上有很多工作，真的沒有足夠時間仔細聆聽你講解客戶的要求，而且在我把故事構思交給你之前，也沒有仔細想過，等到要向客戶展示提案時才匆忙跟你説我的創意想法。但我不是故意的，我已盡力在有限的時間內完成構思。

Paul: Jen，多謝你願意承擔你應負的責任。那我們可以如何作出改善？

（繼續討論……）

第四部 跟進會議

Paul: Jen，相信經過今天的會議，重新編配我們的合作的模式，以及處理工作的程序，日後我們將會更有默契，可以避免同類的溝通誤會，同時協力挽救客戶對我們的信心，好嗎？

Jen: 好呀 Paul，一言為定。

Paul: 我已寫下我們討論的協議，待下星期完成提案後，我們再開會檢討，跟進執行上的細節，如有問題就馬上解決。

Jen: 贊成。今次很感謝你，尤其今日的會議比以往開會更有價值和效率。

Paul: 你説得對，加入了基本守則，確保大家不會一言不合便離開，亦不會強制對方接受自己的方案，方案得到大家同意後便更願意執行。

表 14 TPR 與 SCC 調解員的分別

	TPR 第三方調解方案	SCC 自行調解會議
調解員的身份差異	i) 調解員屬於第三者，不是當事人。 ii) 邀請進行調解時，因第三方身份不會成為被攻擊者。 iii) 能抱着比較客觀和持平（俗稱不會上身）的心態處理事件。	i) 調解員不是第三者，集發起人與當事人一身。 ii) 需講求高度的自省能力，深知調解不成功不會有好結果，所以具備自發性。

	TPR 第三方調解方案	SCC 自行調解會議
角色定向及挑戰	調解員作為第三者，邀請當事人進行調解會議的步驟時較為客觀疏離，不會輕易受到攻擊。	i) 發起人作為當事人，需具備很高情商（EQ），因從邀請對方進行調解會議開始，或已容易受到乙方指責、攻擊和批評。 ii) 深明解決問題才是大前提，不為發洩情緒、反擊對方，令衝突事件進一步惡化，反之，真誠表達自己的感受及影響，邀請對方一起尋找雙方都接受的方案。 iii) 懂得權衡輕重、目標為本：知道任何情況下只需專注於解決商業問題，言語上的攻擊不值一提。 iv) 放下面子問題（由爭議者變為和解議案提出者，好像很沒面子，東方人尤是，彷彿變身為弱者）。
事前預備	具備對職間調解的知識，及專心聆聽的能力。	調解知識與聆聽能力以外，還需要有高度心理質素（可透過下一節「ISE 自我充權」部分，提升個人內心的力量）。

3.10

為何引入 ISE (Inner Self Empowerment) 自我充權？

先處理心情，後處理事情。
先處理好自己的心情，才處理對方的心情。

調解是甚麼？一般理解是在認可的調解員幫助下進行協商式對話。一般職間調解課程少有提及 ISE（Inner Self Empowerment），因為它屬於調解方式中的另類模式，是一種透過與自我對話來實現的調解方式。

不過，ISE 可説是 SCC（自行調解）的事前特訓，先讓調解員提升個人內在的力量與自己和解，然後才能以高情商（EQ）及溝通技巧與他人和解，這就是學習 ISE 的最大意義。

大約 2018 年，Roy Sir 受到國際調解大師 William Ury 的著作 *Getting to Yes With Yourself* 啟發，對處理調解個案的視野跟心態出現了很大轉變，尤其 Ury 經過了 35 年調解歷程後發現：

「調解員在調解個案時，最重要是先調解自己。」
「當自己內心和諧，才能處理與他人的關係，最後是與環境的關係。」

Roy Sir 認為，Ury 的看法正好吻合常霖法師經常掛在口中的教誨：

「先處理心情，後處理事情；先處理好自己的心情，才處理對方的心情。」

常霖法師近年在攝影講座上，經常叮囑學員忘記技巧，亦不需刻意購買名貴攝影器材、「長短火」（不同焦距的鏡頭）等。這並非代表大家可以不學無術，而是在學懂基本的攝影知識後，毋須過於執着在技巧上，而是要先用心感受環境，動作隨心而動；即使用傻瓜機（自動相機）或手機，也能夠拍攝出優質作品。

本書教授「一天學懂職間調解」，為甚麼要另花篇幅解說 ISE，自己為自己充權及自己做調解？正因它能提升調解員的心理質素，學懂用心去感受環境，調解動作隨心而動。

ISE 的三個操作步驟

TPR 有第三方調解員在場引導，即使甲、乙雙方困在負面情緒，也有人出言提醒；但在 SCC 自行調解會議，甲方需在當事人與調解員雙重身份之間切換，他必須能夠快速沉澱情緒，否則便容易受到乙方的語言攻擊或負面情緒感染，發生「杏仁核騎劫邏輯系統」的情況——當情緒系統太激動時，邏輯系統就會停頓。

要讓大腦平靜下來，最容易的方法就是透過深呼吸來放鬆，以下是 3 個高效率的被動建設性行為：

步驟 1 靜思冥想（停一停，心呼吸）

這裏採用的是「停一停，想一想」的進階版——由常霖法師倡導的「停一停，心呼吸」運動。它的能量精髓就在於「停一停」時，大腦甚麼也不想，只是用心去感受內在能量的流動。法師的解說是當一個人被事件觸動情緒，很多人腦中很容易愈想愈生氣、委屈、憤怒等，情緒更加高漲，所以鼓勵大家用心去感受自己、欣賞和鼓勵自己。

例子 在【職間衝突個案 13：豬隊友互懟多宗罪】中，Paul 可以對自己說：「讓自己慢慢放鬆下來，隨着每一次深呼吸，感受空氣每次進出我的身體，肩膀逐漸放鬆，讓緊張感隨着呼吸流走。我和 Jen 之間的衝突事件對我造成的困擾，輕輕地將它們暫時放下，放到 10 萬公里外，變得如微塵般渺小，不再執着，把注意力帶回到當下，回到我的呼吸。感受到身體的每一個部位，從頭到腳，感受到它們的存在。感謝我的身體為我所做的一切，允許自己完全放鬆，接受這份安靜的禮物。我知道，無論外界發生甚麼，我都能在這片刻中找到平靜。我可以隨時回到這裏，讓自己再次放鬆，重拾內心的平靜。」

步驟 2 自我反省

i) **認知自我情緒：** 清楚了解自己生氣的狀況，知道不可抗拒情緒到來，同時也清楚情緒可以隨時飄然而逝；只要我們可以進入靜心、靜觀狀態，先不作任何的行為，讓自己平靜下來便可以回歸理性。

ii) **考慮自我調解的好處與壞處：** 其後思考這次衝突事件對業務、對自己造成了甚麼影響，以及 SCC 方法的優點及困難之處。

iii) **其他選擇方案：** 考慮如果採用 TPR 或其他方案，衝突事件就需要曝光，那時同事們、上司，甚至董事局會怎樣看待我呢？若然事情不能解決，我又是否承受得起這個後果呢？如果甚麼也不做，逃避與 Jen 溝通的話，如果再發生在客戶面前爭拗的情況，會否影響客戶對我的印象？

iv) **這份工作的價值：** 回想初心，這份工作、對自己的事業遠景和價值觀的重要性？到底是主動要求對方一起對話，令個人失去面子事大，還是破壞自己多年建立的事業和影響家庭事大？

步驟 3 三個「A」模式[1]

「三 A」分別是我承認（I Admit）、我選擇（I Act）、我感恩（I

Appreciate），也是轉化負面情緒的三個步驟。當我們與對方發生衝突爭執時，憤怒自然會出現，被欺凌時會感到脆弱，而「三A」正好用來轉化我們負面的情緒（情緒沒有對錯之分），並讓我們善用情緒的轉化作為面對衝突的力量。以下是周華山博士對「三A」的簡介：

i) **承認**：當我們承認情緒，坦言接納，就能善用情緒而不被操控。
ii) **選擇**：不論任何困難，至少我有3個選擇，繼而衍生多種可能性。
iii) **感恩**：感恩是快樂的泉源，轉化情緒的快道，即時體驗生命的祝福。

例如在**【職間衝突個案 13：豬隊友互懟多宗罪】**中，Paul在ISE中能對自己說：

I Admit：「我承認對Jen有期望，也是自己感到失望的原因。在這次衝突事情，處理上自己也有不足之處，難怪Jen會生氣；我承認因擔心客戶對我的評價，導致情緒失控。」

I Act：「我選擇面對現實困難，選擇和Jen共創解決方法，選擇自行調解，自己責任由自己負。」

I Appreciate：「我感恩還有機會用調解來處理衝突所帶來的業務問題、感恩有解決問題的勇氣、感恩曾參加職間調解課程。」

各位可以按照適合自己的方式與情緒同行，脫離被情緒操控。不過，當我們處理好情緒後仍然要面對現實的問題，而很多時候我們的情緒均來自期望、錯覺、角色等；以下「ISE的7個挑戰」章節，或許可以協助我們更加了解自己被觸動的根源。

1 三個「A」模式取材自周華山博士的概念，參見《無我抗爭—從小我到大愛的修行路》147頁（自在社，2014年）

ISE 的 7 個挑戰

挑戰 1 放下期望，盡情創造（Frustration = Expectation × Result）

放下期望不同於沒有期望，我們會沮喪是因為行為的結果與期望有落差，情緒很容易被外在的結果所控制。正所謂「人生不如意事十常八九」，所以只要我們減輕或放下期望，但求在過程中積極面對，盡心盡力創造方案，我們便能坦然面對任何結果。

在【職間衝突個案 7：名校老師結怨】，如果 Ms Li 能自我反省：「為甚麼我對陳 Sir 失望？因為我對他有預設期望，我希望他能夠明白我的委屈、無奈、冤枉、欲哭無淚，縱然不安慰我，至少也借對耳仔給我嗔一下、發洩一下。」、「我想要他人滿足我的期望和需求，同時，自問自己有否 / 能否同樣滿足對方的期望和需求呢？如果我不能夠的話，我又憑甚麼要求對方滿足自己？」、「不是每個期望都能夠實現的」、「如果我經常執着對他人的期望，我為此付出過甚麼的代價呢？」還是選擇「倘若從今起，I do my best, and God do the rest，我只須盡力而為，一切結果交給上天的話，我的職業生涯又將會如何呢？」

挑戰 2 避免跌入三大錯覺陷阱

❶ 衰人錯覺

我們傾向將與自己意見不合或曾被其傷害的人，標籤為「衰人」。這種心理現象往往讓我們忽略了對方的複雜性，以及他們行為背後的原因。

大部分衝突個案都會有這個錯覺，例如：【為搶功，閨蜜也反面】、【豬隊友互懟多宗罪】、【頂頭上司玩政治】、【年輕科主任的憤怒】

個案中，當他們發生爭執時，雙方可能已不自覺視對方為自私、無理取鬧的人，這種「衰人錯覺」讓我們更容易陷入敵對狀態，而忽略溝通與理解的可能性。

要打破這種錯覺，我們需要提醒自己：「沒有人是絕對的壞人，每個行為背後都有其正向出發點。」嘗試從對方的角度去思考，或反問自己：「如果換成我，我會怎麼做？」這樣可以幫助我們更客觀地看待衝突，減輕負面情緒，甚至找到解決問題的方法。

「衰人錯覺」只是一種心理偏見，並不一定反映現實。當我們願意放下這種偏見，我們的人際關係與內心都會變得更加平靜。

❷ 你死我活錯覺

這是一種「輸贏」的錯覺，我們傾向將衝突或爭執視為一場只有單方面輸或贏的「零和遊戲」，由於恐懼及擔心會輸，這種思維容易令衝突雙方各持己見，關係進一步變得緊張，甚至陷入了一場無休止的爭論，卻往往讓雙方忽略合作與共贏的可能性。

例如，同事 A 與同事 B 因工作分配問題發生爭執。同事 B 覺得自己的工作量已經很大，而同事 A 則認為他不夠主動。雙方各自堅持己見，覺得如果自己「贏了」，對方就一定要「輸」。結果，雙方陷入了一場無休止的爭論，關係也變得緊張。

其實世間事物除了黑白尚有灰色，衝突並非一場「你死我活」的戰鬥，如果雙方願意坐下談談，跳出「你死我活錯覺」，往往可以達致互相理解，找到更有效的解決方法，甚至讓雙方都得益。

❸ 死路一條錯覺

我們往往將眼前的困難或障礙放大，覺得它們是無法跨越的「大石」，但這些困難可能並沒有想像中那麼大。

例如，同事 A 與同事 B 因為一個項目的分工問題發生了爭執，彼此覺得對方非常蠻橫無理，使到工作無法繼續進行，完全無法與對方合作。問題在雙方眼中就像一塊「大石」，擋住了他們的前進之路，繼而衍生更大壓力和更多負面情緒，甚至想逃避、急速判定問題是無可改變，導致有沮喪的情緒，變成尋求解決方法的障礙。

困難往往只是「死路一條的錯覺」。當我們願意面對它們，便會發現辦法總比困難多，很多事情並沒有想像中那麼難。在人生漫長旅程，當碰到面前一座大山，可以學習「愚公移山」的精神，也能抱持「山不轉，路轉；路不轉，人轉；人不轉，心轉」的態度，心念一轉便可以把困難視為機會，你認同嗎？

挑戰 3 由事實到好奇

為甚麼會有職間衝突？因為人人以為自己雙眼就是證據，信念由此創造所謂的「實相」；除非抱着科學精神去追問、核實，否則永遠無法了解真相。

例如【職場衝突 9：年輕科主任的憤怒！】中的 Sam，一收到 Miss Chan 電郵便認定她是要挑戰自己，便想馬上找上司商討對策，小心應對。幸好，後來他帶着好奇之心去問 Miss Chan 所關注的目的，案情便馬上大白。

挑戰 4 角色調換

例如在【職場衝突 12：不和老闆爭辯，一句關心化解僵局】個案，Emily 被上司指責進度不達標後，不但沒有辯解，反而嘗試代入對方的角色，利用確認情緒的技巧，表達理解他的擔憂，並且道出與他同樣地緊張進度，然後才解釋當下狀況。

上述 3 種分別屬於人、事、物問題的錯覺，就像通往一條不歸路，都會令人固守對抗或逃避的掘頭路，不願調解，也不肯走前一步，最終令事情難以獲得協調及解決。

挑戰 5 甲無傷人意，乙有被害感

俗話說：「言者無心、聽者有意」，這句話說明了人與人之間容易產生誤會的原因。以下這個例子充分展現了即使一方並沒有意圖，但對方卻可能有受傷的感覺：話說某大學的一位女同事曾投訴被一位外籍教授性騷擾，因為每次見面時，教授總是熱情地擁抱她。經過校長和其他相關人員的調查後，判斷教授舉動只是外國人習慣的禮儀，並無騷擾女方的意圖，然而，女同事卻有被侵犯的感覺，這件事情最終演變成了一場全港矚目的羅生門事件。

挑戰 6 明白自己容易被觸碰的底線

每個人都有自己的火爆點（Hot Button），一但被觸動，情緒便會立即反彈，行為出現激烈反應，但身邊的人只覺得莫名其妙。有些事情的根源可能來自原生家庭或久遠的事情，通過 ISE 自我對話能像剝洋蔥般逐層拆開，才能見到隱藏的真相。

挑戰 7 指責與分擔

當遺失了一隻名錶，是否一定被人偷竊或因別人過錯而導致？但其實可能是去洗手間時遺忘在洗手盤，或將名錶戴得過於招搖，令盜賊有機可乘。

另一個例子，有女同事私下投訴經常被不同男同事勾肩搭背，受到職場性騷擾，但其他女同事卻沒有同感。原來這位女同事經常在開放式的辦公室內主動與其他男同事搭訕、嬉戲，有時甚至有肢體接觸，男同事們才誤以為她性格開放、無所謂。

所以有時候追究、問責之餘，當事人亦值得反省自己可能要分擔的責任，有機會是吸引力法則讓事情經常發生在自己身上。

總結

以上的挑戰是分開講解，但其實很多事情都是互相關連及影響。

例如【職間衝突個案 13：豬隊友互懟多宗罪】中的 Jen，她對任何人都有冷漠的態度，然而卻剛巧成為 Paul 的「火爆點」(Hot Button)，所以 Paul 從開始便覺得 Jen 就是「衰人」，隨之着眼於尋找「Jen 是衰人」的證據。當 Jen 某次開會缺席時，Paul 便主觀篤定她輕視會議出席人士的職級，卻完全不會嘗試了解當中原因，得出「Jen 是無可救藥」的結論，往後更處處與她對着幹，不去分析自己在整體事件需分擔的責任，只把一切錯誤加諸於 Jen 身上。

只要我們多加練習了解這 7 大挑戰，遇到衝突糾紛都可以處之泰然。

金句 4

轉工逃避職間衝突，
避得一時不能避一世，
只有對話才能解決紛爭。

第 4 章

結語

Conclusion

一日調解會議的存在價值

在辦公室遇到衝突時，總會有人問：「為甚麼一定要自己解決衝突？」、「如果和同事有衝突，難道不可以向上司反映嗎？」、「如果問題出自上司身上，那就找他的上司告狀就行了！」甚至還有人會想：「踢走衝突者，不就天下太平？」、「反正只是打工，何必這麼麻煩！如果東家不合適，就乾脆跳槽算了。」

然而，這些都不是解決職間衝突的有效方法。未能妥善處理的衝突，可能會帶來許多後遺症，對機構、員工個人、團隊領導者，甚至社會公眾，都會產生不同程度的影響。

仲裁式管治方式——治標不治本

同事間的衝突，如果是因為工作內容或流程，尋求上司或合適的同事判斷對錯，是一個合理的做法。

然而許多看似簡單的衝突個案，實際上往往源於人際關係的裂痕。如果由第三者裁定誰對誰錯，表面上或許能暫時平息戰火，但實際上只將問題的核心推向了另一個角落，而往往當其中一方或雙方的不滿經過短暫平息後，衝突很快便再次升級。隨之而來，即使是一些雞毛蒜皮的小事，也可能再次觸發另一場角力，甚至情況愈演愈烈，讓第三者也無辜被捲入其中，最終導致所有人有機會成為輸家，誰也贏不了。

啞忍和迴避問題，只會讓壓抑的怒火不斷累積，最終可能在某一天化為巨大的對抗能量爆發出來。時間拖得愈久，情緒的爆發力就會愈強。即使沒有反擊或爆發，選擇啞忍的一方最終也可能會將怒火轉向自己，以至轉向家人和伴侶，這樣不僅會傷害心靈，長時間的情緒壓抑還可能導致身心症（Psychosomatic Disease），破壞人際關係。無法透過適當方式釋放出來的怒氣，往往會在自己身體上以疼痛和／或其他不適的形式表現出來。

轉工——天下烏鴉一樣黑？

在任何有人際互動的地方，分歧都是無可避免。許多人以為只要轉換工作環境和同事，就能擺脫問題，這種想法不過是衰人錯覺！尤其是當同樣的情況不斷重演時，問題的根源很可能不在他人，而是在於自己，畢竟自己是所有人事物中共同的元素！

調解——前瞻領袖必備條件

在【第 1 章 1.2 節領導者成本】曾提及，企業高層若錯失了得力助手，不單會感到非常遺憾，還是公司的損失；在專業知識的領域中，處理衝突的能力已經成為領袖的基本要求。要在眾多同儕中脫穎而出，個人的魅力、親和力和逆境管理能力都是必不可această的技能。要維持良好的團隊合作，妥善管理團隊之間的衝突能力便顯得更為重要。

4.2

期待香港成為調解之都

「兩個同事第一天上班時彼此不認識對方，以往應該沒有任何恩怨，為何共事期間會變得水火不容？在職共事那段時間，他們究竟發生了甚麼事，以至弄到你死我活的地步？問題到底出在哪裏？是基於他們的個性、行為作風，抑或三觀？既不是殺父仇人，這樣的對立是必要嗎？從現實和較為簡單的角度來看，同一屋簷下，縱使大家不能共處，但能否共存？」

以上是 Roy Sir 的迷思，亦成為撰寫本書的目標。本書並非要教授如何解決部門之間權力鬥爭，或資源競爭這類複雜問題，而是着眼於如何處理同事之間，因工作方式和溝通模式而產生的個別衝突。這些衝突如果不加以處理，可能會影響到整個團隊甚至機構的運作。

若能及早察覺同事間衝突的初始信號，並在關係惡化到危機之前，運用職間衝突管理的知識進行有效處理，將能顯著改善大家的工作環境。因此，本書將引導讀者如何在衝突發生之初便採取適當措施，以促進和諧的工作氛圍。

如何能一天學懂職間調解？

本書的【第 2 章：管理衝突的工具箱】，便深入探討了職間衝突的惡性循環過程：

衝突事件的骨牌效應

衝突事件發生

觸動甲方心念→產生負面情緒→
化為外在破壞性行為回應

觸動乙方反應→產生負面情緒→
化為外在破壞性行為回應

雙方基於對方的不友善反應，
不斷循環，衝突能量持續上升令事件更惡化

每一天都有各種事情在發生，而每個人基於自身的認知、經歷、知識和觀點等，對於同一件事都各自有不同的解讀。當這些想法導致負面情緒時，我們的本能往往會啟動防衛機制，驅使我們採取一些破壞性行為來應對。

改變想法和情緒並不容易，但行為卻是可以立即調整。只要個人願意，就能立刻改用建設性的方式來取代那些破壞性的行為。讓我們一起努力，迎接更積極的改變吧！

本書的**【第 3 章：平息衝突的步驟】**，分別講解了 TPR 由第三者主持調解，其中有 5 個步驟，缺一不可。而當自己發覺與其他人產生衝突分歧時，為免事件外揚便可以進行 SCC 自行調解，自身問題自己解決。當然在進行 SCC 前必須先調理好自己的心態才可以去自行調解，帶着指責、批判、想改變對方的想法，多數會弄巧反拙。

知己知彼，百戰不殆

本書曾稍略介紹美國 Ecker College 研究發展的 Conflict Dynamic Profile（CDP）[1]。這個工具列出了在職間面對衝突時，最常見的 8 種破壞性行為與 7 種建設性行為。透過填寫問卷，並由電腦分析得出個人報告，從而了解自己在衝突時的慣常反應，進而強化自己的建設性行為，並學習如何修正和克制破壞性行為，這樣就能有效避免或減少衝突的升級。

Ecker College 經過數年的深入研究，不僅列出了 8 種破壞性與 7 種建設性行為，還進一步識別了在職場中最容易觸動個人情緒的 9 種處事態度和作風，這些被稱為「火爆點」（Hot Button）。我們明白每個人都有不同的處事態度和作風，有些人很容易被某類型作風觸怒，但對於其他人或不以為然，因為這些火爆點非常個人化，包括冷漠、自我中心、微形管理等。當我們的「火爆點」被觸發時，縱使對方並無惡意，我們的內心也可能會感到厭惡，繼而引致衝突。

每個人都有自己的「火爆點」，但如果對這些敏感點毫無了解，面對衝突時便很難掌控自己的反應。透過 CDP 問卷，我們不僅能夠了解自己在衝突中的常見反應，還能發現自己的「火爆點」。一旦明白自己容易被哪些行為作風「點燃」，就可以提前學習調整自己的行為，讓自己面對這些挑戰時可以從容不迫，進而減少職場中不必要的衝突。

---

1 Ecker College 的 Leadership Development Institute (LDI) 提供 Conflict Dynamic Profile (CDP)，員工只需填寫網上問卷，便可以幫助個人識別處理衝突的方式，提升衝突管理能力，並提高自我意識。CDP 提供多國語言，簡體字問卷亦已推出。Ecker College 的 Mediation Training Institute (MTI)，提供各種調解與衝突解決的培訓課程。「認證職間調解員及培訓師」(CMT) 項目的畢業生將獲得國際調解學會 (IMI) 的認證，成為合格的國際調解員。

當大家逐漸熟悉職間調解，並將預防調解（Preventive Mediation）融入日常文化，同時把這些知識行為帶回家庭，那麼或多或少都會影響家中成員，和諧的家庭氛圍就會自然地形成；試想想家庭與職場的共通之處：大家都是活在同一屋簷下，家庭成員之間很多事情都需要互相倚賴合作才能完成，雙方如果因為不滿對方而產生衝突，他們的相處必定影響家庭及其家人，家不和自然衰不停。

會議宣言同樣可以應用在家事上。例如：「老公／老婆，我好重視我們的子女發展，我發覺上星期日我與你因為有意見不同，在孩子面前爭拗後，這個星期孩子的情緒一時過於沉默，一時又易非常激動，他向婆婆表達過很害怕我們吵鬧，我想與你約一個時間討論一下，假如日後我們有意見分歧時，可以如何處理？免得再度讓孩子感到驚慌，影響他日後健康成長。」

隨着越來越多的家庭懂得如何處理衝突，進而懂得與鄰居更好地相處。當調解技巧普及之時，「香港成為調解之都」的願景將不再遙遠。

4.3

儲備調解知識，隨時化危為機

以下是一位香港調解資歷評審協會有限公司（HKMAAL）認可調解員，在參加職間調解課程期間所發生的職間衝突個案，他正好示範了如何運用所學，將職間衝突在萌芽階段化解。

下屬陰陽怪氣，上司如何化解怨氣？

職間衝突個案 15

某企業的高層管理人 Eiden，轄下有 5 個團隊。某天他在海外出差途中，主管 A 突然在主管群組訊息中發問：「日後部門有任何人事調動，是否不再需要提前通知部門的主管呢？這是公司的新政策嗎？」在群組發出這樣的提問，顯然是主管 A 對上司 Eiden 的質疑，同時表達了他的下屬被主管 B 借調，卻未獲通知而感到不滿與憤怒。Eiden 心中暗想：這簡直是送上門的難題！而當事人之一的主管 B 對此一直保持沉默，其他主管 C、D 和 E 當然也選擇買花生米及啤酒，坐在一旁等着觀看事件發展。

Eiden 一邊趕行程、一邊開會，心裏卻開始思考數個可行的應對方案：

i) 私訊主管 A，為主管 B 辯解。

ii) 私下與主管 A 溝通，指出在群組發訊息提問，可能會引發部門之間的摩擦，勸說他大事化小。

iii) 同時私訊主管 A 和 B，試圖用道理説服他們，提醒有事應私下匯報，不要影響群組士氣。

iv) 找其他主管幫忙勸説主管 A。

v) 要求主管 B 立刻出面，向主管 A 道歉。

然而，這些方案似乎都難以帶來理想的結果。最後，Eiden 選擇了第六個方案：延遲回應（Delay Responding）。他在群組中公開回應主管 A：「目前正在出差，回港後才討論。」

即興 SCC 自行調解

那些日子，Eiden 正在上職間調解課程，他利用在回香港的航班途中，拿出由課程提供的 Dan Dana 著作 *Managing Differences* 溫習 SCC（自行調解會議）及 TPR（第三方調解方案）的原則與步驟，並在心裏預演整個過程，打算回公司後約見主管 A。

沒想到一回到公司，便馬上收到主管 A 的來電，Eiden 決定「快刀斬亂麻」，即興進行 SCC 自行調解會議。他清楚地知道，SCC 的最大特色在於甲方（也就是 Eiden 自己）同時擔任當事人和調解員，這要求極高的情商與溝通技巧。此時，他的首要挑戰便是主管 A 的不滿，因此他牢記以下 5 個原則：

i) **目標為本**：始終專注於解決業務問題。

ii) **人事分開**：過程中不涉及個人情緒或恩怨。

iii) **情緒疏導**：身為上司的 Eiden 需對主管 A 的情緒

進行疏導。

iv）高階領導力：承擔安排不當的責任，並向下屬致歉和提議調解；這不代表弱者的表現，而是強者的行為。

v）善意表示　：在過程中持續釋放善意。

幸好 Eiden 在調解知識方面早有儲備，在日常工作或生活中也會運用相關技巧。他客觀地解釋了事情的來龍去脈：公司的人事調動政策並未改變，並承認自己在忙碌中出現了小失誤，只是巧合地在出差前匆忙地用口頭通知了主管 B 人事調動的安排。他澄清了偏心的誤解，並安撫了主管 A 的情緒。隨後，Eiden 還邀請主管 A 擔任人事調動小組的召集人，這樣不僅能為他分擔壓力，還達成三贏的局面，做到調解工作走在激化前。

金句 5

國際調解院是調解界的奧斯卡；
職間衝突調解是陽光，空氣和水分。

附錄一 職間衝突的新聞報道

一、辭職漢「最後上班」血洗廠巴

2013 年發生了一宗令人震驚的血洗廠巴事件，一名弱勢組長在鮮果加工廠工作時遭到同事排擠和辱罵後辭職，聽聞同事戲言「食飯慶祝」後感到憤怒。他在最後一天上班時，在廠車上拔出菜刀狂斬有過節的同事，連同自己在內 12 人受傷，當中一人的手指被斬甩。

評語： 強忍情緒猶如水雷暗藏，無人知曉何時引爆何人遭殃，惟其殺傷力必然深重。

新聞報道：

https://ynews.page.link/FVkLQ

二、青年涉插攣女同事友人　判誤殺罪成

2019 年，一名髮型助理因與女同事發生爭執，導致一名 17 歲的少年被刺傷後不治。法官指出，這悲劇始於一件小事引發雙方「先口角，繼而動武」，本應在「一人打咗一下」後結束，惟女同事「嬲過頭拒絕被告道歉，並『吹雞』搵人劈被告」，被告得悉「吹雞」後，又帶同利刀，意在「嚇人唔好打佢」，最終導致悲劇發生。法官強調，如果雙方能夠節制情緒，避免大發脾氣，悲劇本可以避免。

評語： 當情緒主宰了行為，在激動的狀態下，人們可能失去理智和節制，做出令自己後悔的舉動，因情緒激動而演變為悲劇。

新聞報道：

https://thewitnesshk.com/ 男子涉刀插攣同事 17 歲友人 - 誤殺罪成

三、前同事謀殺，傷人罪成判囚終身

2020 年 9 月發生於將軍澳港鐵站的一宗命案，一名解款員在站內櫃員機工作時突然遭到前同事持利刀襲擊，送院後不治身亡。被告於庭上聲稱與死者原為關係良好的前同事，其後關係惡化。被告供述案發當日僅欲「教訓」死者，最後卻釀成命案。

評語：可見當人際關係惡化時，辭職並非解決之道，積怨未消者終會在某日爆發。

新聞報道：

https://thewitnesshk.com/ 將軍澳站解款員遭斬命案 - 前同事謀殺傷人罪成判囚 /

四、小學女教師校內墮斃　死因庭裁定死於自殺

2019 年小學女教師在校內高處墮斃，校長被牽涉其中，死因庭裁定死者死於自殺。裁判官相信教師對校長極度反感，每思及返校要面對校長時感到焦慮和壓力巨大，終覺窮途末路而輕生。

評語：若不正視問題，即使不傷及他人，當事者亦可能透過自殘手段逃避困境。

新聞報道：

https://hk.on.cc/hk/bkn/cnt/news/20210129/bkn-20210129114928222-0129_00822_001.html

上述案例僅是浮現於冰山頂端的一滴水珠，職間衝突更無分行業界限，凡有人共處的地方便難免存在矛盾與衝突。我們真正要學習的並非迴避衝突，而在於如何管理自身在衝突中的反應，學習以策略性思維作出具建設性的回應。我們深信妥善處理職間衝突，不僅能提升個人在職場的專業表現，也能增強整體的生活質素；若將這套處世智慧延伸至家庭關係，便能實現職間與家庭的雙軌和諧，人生又何懼風雨？

Conflict Dynamics Profile

Conflict Dynamics Profile（CDP）就着對衝突的回應，分為建設性及破壞性回應模式：傾向於減少緊張，或至少沒有令衝突進一步升級的回應，便是建設性的回應模式；反之，破壞性回應往往會使情況變得更糟。如果衝突是一場火災，破壞性回應便是燃料，會使火勢加劇。

衝突本身是不可避免的，而可以避免的是對衝突無效和有害的破壞性回應，並且可以學習做出對衝突有效和有益的建設性回應。

有助減少衝突的 7 種建設性回應方式

易位思考： 把自己放在對方的立場，並試圖理解他的觀點。

創造方案： 提出問題與對方一起討論，並嘗試為問題創造解決方案。

表達感受： 與對方坦誠對話，並表達自己的想法和感受。

主動出手： 做第一個起動者，與對方聯繫，並努力嘗試作出修補。

自我反思： 分析情況，權衡利弊，並思考最佳的回應方式。

延遲回應： 等待事情冷靜下來，讓事情平息，或在情緒高漲時暫停一下之後才回應。

隨和適應： 保持靈活性，並努力從情況中創造最佳的解決方案。

令衝突升級的 8 種破壞性回應方式

勝不饒人： 為自己的立場激烈辯護，爭取最有利自己的位置，並試圖不惜一切代價贏到盡。

展示憤怒：表達憤怒，提高聲音，使用刻薄、憤怒的言辭。
抹黑詆毀：使用諷刺的態度或言詞嘲笑或嘲弄對方的想法。
策謀報復：阻撓對方，作出還擊，甚至試圖報復。
逃避面對：避開或忽視對方，表現出疏遠和冷漠。
委曲求全：為避免進一步的衝突而作出讓步，結果變得更加惡劣，造成姑息養奸的情況。
壓抑情緒：縱使感到不安或憤怒，仍然隱藏真實的情感。
自責自怨：事件反覆在腦海中重現，並不斷地批評怪責自己未能更妥善地處理。

此外，Conflict Dynamics Profile 提供了有關可能激怒你，並可能導致衝突發生的人和情況；簡而言之，就是你的火爆點（Hot Button）——你對該行為模式的人感到特別煩躁和不悅，如下：

特別容易觸發怒點的 9 種行為模式

不能依賴：那些不能依賴、經常錯過死線且無法依靠的人。
過度分析：那些完美主義者，過度分析事物，並過於關注細微問題的人。
缺乏讚賞：那些沒有或很少對表現出色者給予稱讚的人。
冷漠疏離：那些孤立自己、不尋求他人意見或難以接近的人。
微觀管理：那些經常監控、檢視、查詢他人工作細節的人。
自我中心：那些以自我為中心或相信自己總是正確的人。
刻薄放負：那些傲慢、諷刺和刻薄的人。
不可信任：那些利用他人、索取不應得的功勞，是無法信任的人。
充滿敵意：那些隨意發脾氣、生氣或對他人大喊大叫的人。

操控性語句

「我覺得你應該……」當大家聽到這句子時，有沒有一種被怪責的感覺？同時覺得自己非常不濟，似乎跟不上水平而被貶，而這標準似乎是說話者的標準。假如說話者是上司，而且只是對工作內容的指示，這是沒有問題的。但假如這句子是對你的行為、態度、處事模式的意見，這便有所保留了。

例如：

「我覺得你和同事相處應該……」「我覺得你在事業應該要……」

其他常用操控性語句：

「你有冇諗過……？」
「你聽我講……」
「我覺得……」
「你一定係……」
「但係……」

「擔心……」
「你一定要……」
「我提醒你……」
「你……」

「你要學會……」
「你要知道……」
「其實你……」
「你點解咁做……」

綜合操控性例句：

「我覺得你應該多花時間和心思在事業發展上，你要學會和同事相處，一定要表現多些工作熱誠，其實你有否想過少花時間在家庭瑣碎事情上？我提醒你這樣你才有前途，否則，你一定不能出人頭地，我擔心你日後怎樣跟父母交代？」

縱使說話者表達得再溫柔友善，這樣的提示有時仍會給聽者帶來壓力。在關係良好的時候，還能理解對方的用心，但如果心中早有不滿，日積月累，總有一天會爆發出來。

附錄四

生活化的會議宣言

會議宣言設計

1. 關注：我非常重視某（事項，例如家庭和睦、伴侶關係、孩子的健康快樂成長等）。
2. 證據：我留意／觀察到我們因為（某件事或某次對話）的衝突、分歧，這對（具體説明甚麼，例如：家庭、感情、孩子）造成了影響。
3. 目的：我希望能約你一個時間，專心聊聊怎麼改善我們（需要處理事項，例如在家相處、管教孩子的分工等）。

宣言設計包括 5 個基本原則：不偏不倚、客觀、具體、可解決，以及精確簡潔。

個人狀態

1. 情緒平穩。
2. 不批判、不指責，也不要求對方改變。
3. 帶有感性心境表達你的關注事項，用中性平和的語氣説出你的觀察，並以誠懇的態度提出邀請。

例句：

「老婆（平日的稱呼），最近我對仔仔的情緒有點擔心。上個星期日，我們因為旅行的事發生了一些爭執，及後我們之間的對話變少了。而仔仔這個星期似乎變得很沉默，甚至曾跟嫲嫲説他不開心⋯⋯我在想，可能我們的氣氛影響到他了。因此，我想和你認真談一談，如果未來我們有不同的意見，可以怎麼處理得更好，讓仔仔不會因為我們的事而感到不安。你覺得怎麼樣？不如找個時間，大家坐下來慢慢聊？我知道上次我們都稍微激動了，但我真的不想因為大人的事情讓仔仔不快樂。你覺得呢？」

「奶奶，其實我真的很感恩能成為這個家的成員，能有你們這些家人真是太好了！（微笑）不過，最近因為仔仔的課外活動和一些小事情，我們之間有點小摩擦，讓氣氛變得有點緊張⋯⋯我看到阿 John（老公）夾在中間很辛苦，真的讓我很心痛。所以，我想找個時間和你坐下來好好聊聊，看看我們是否可以更好地分工合作？例如家務怎麼分配、照顧仔仔的責任，以及我們之間怎麼相處會更舒服呢？大家都是為了這個家好，我們一起來找個方法，讓全家人都開開心心，你覺得怎麼樣？」

「女兒，媽媽／爸爸最近一直在想，轉眼間你就要升大學了。（語氣溫柔）我還記得我們上次討論選科的時候，大家都有自己的想法，結果不小心冷戰了一段時間⋯⋯其實這樣對我們都不好。我真的很重視我們的關係，希望能修復，同時也想全力支持你規劃未來。
不如我們找個時間坐下來好好聊聊吧？你可以告訴我你的興趣和優勢，你是想留在香港還是去海外讀書呢？另外，我也可以和你分享一下我們家的經濟狀況，這樣我們就能一起制定一個切實可行的升學計劃。你覺得哪一天方便呢？我隨時都可以配合你的時間。最重要的是，我們能夠坦誠地交流，好嗎？」

附錄五

簡介國際調解院

（International Organization for Mediation，簡稱 IOMed）

國際調解院：為世界衝突擺一張茶桌

當埃塞俄比亞在尼羅河築起非洲最大的復興大壩（The Grand Ethiopian Renaissance Dam，簡稱 GERD）時，下游的埃及和蘇丹卻陷入了恐慌。對於埃及這個 97% 淡水依賴尼羅河的國度而言，面臨着農田荒廢和電力短缺的生存危機。這場長達 10 年的「水戰爭」讓三國的關係變得緊張，進入了一種僵持的狀態。非洲聯盟的談判，由於各自的利益不同，則卡在最後 10% 的細節上，無法達成一致，每當談判進行時，各方都希望他們能夠達成共識，而聯合國安理會只能呼籲各方對話。在這樣的背景下，一個全新的構想誕生了：既然傳統的談判失效，何不建立一個專門處理和平調解的國際機構？

國際調解院的成立

2025 年 5 月 30 日，中國聯合 32 個國家在香港簽署《國際調解院公約》，全球首個以調解為核心職能的政府間組織國際調解院（International Organization for Mediation，簡稱 IOMed）就此誕生。這個機構的成立，不僅是在面對當前國際衝突的背景下一個創新的誕生，更希望為未來的和平與合作鋪平道路。選擇香港作為總部，具有特別的象徵意義 —— 這座東西交匯的城市，成為「國際和事佬」的基地。而香港回歸以及「一國兩制」的建立，本身便是調解成效的典範，展現出不同文化和制度如何在同一框架下和平共處。

復興大壩的背景

尼羅河是世界第一長河，流經 11 個非洲國家，哺育了沿岸超過兩億人口。復興大壩不僅是非洲最大的水壩，還成為了水資源分配的焦點。長期以來，以埃及為主的尼羅河下游國家控制了水資源的分配權，而隨着上游地區的人口不斷增加，經濟建設規模也在擴大，各國對水資源的需求日益增長，迫使他們提出重新分配水資源的要求。圍繞尼羅河水資源的爭議不斷升級，甚至成為非洲潛在的戰爭源頭。

調解院的原則

這間新型的「爭端解決事務所」秉持着四大原則。首先，它像茶藝師般尊重客人的意願，只受理共同提交的衝突，確保各方都能在平等的基礎上進行對話。其次，這個機構仿效《聯合國憲章》的精神，專注於提供對話的平台，而非武器，目的在於促進和平解決爭端。第三，調解院特別關注發展中國家的需求，避免弱國因無力承擔訴訟費用而失去發聲的機會。最後，它與聯合國及區域組織建立協作網絡，讓資源能夠高效流通。

服務範圍

國際調解院的服務範可謂包羅萬象：從領土爭端、經貿摩擦到環境糾紛，甚至包括企業控告政府的投資衝突等。獨特之處在於其彈性的流程——調解員由成員國共同選派專家擔任，能為敵對國家量身定制「快解套餐」或「慢談療程」，必要時還會搭建保密的溝通渠道，確保各方能在不受到外界壓力的情況下進行深入對話。

尼羅河困境的啟示

尼羅河的困境恰恰彰顯了國際調解院存在的價值。如果當時便有中立的調解方提供水文數據，推動「埃塞俄比亞分期蓄水＋埃及發展節水農業」的折衷方案，或許能避免埃及受到空襲的威脅以及長達十年的僵持。現實中，儘管復興大壩於 2024 年強行建成，但未來若類似的衝突發生在核電站或油氣管線上，國際調解院正好為此類危機提供成本最低的出路：在衝突升級之前，先擺好茶桌，進行對話。

國際社會的反應

儘管西方大國目前尚未加入這個機構，這引發了一些質疑，但其開放的公約設計預留了擴員的空間。當巴基斯坦和印尼等區域大國共同背書，這個由發展中國家主導的機制，正努力將國際法從「強權法則」轉向「合作藝術」。

歷史的教訓

歷史總是在矛盾中前進。十九世紀的歐洲透過「會議外交」避免了大戰，今天的世界則需要更專業的調解者。雖然國際調解院不承諾能根除戰爭，但它卻為小國提供了一個發聲的平台，替大國架設了台階。在核按鈕與調解熱線並存的年代，這樣的機構為人類命運共同體埋下一粒希望的種子——畢竟，當茶香升起時，火藥味總會淡去幾分。

展望未來

隨着國際調解院的成立，我們對未來的衝突解決充滿了期待。這個機構不僅僅是解決目前爭端的工具，更可能成為未來國際關係的重要參與者。它的存在意味着，當國家之間的矛盾加劇時，還有一個平台可以依靠，讓各方能夠在相互尊重的基礎上找到解決方案。

在全球化的今天，各國之間的互動越來越頻繁，衝突的可能性也隨之增加。然而，隨着國際調解院的出現，我們希望能夠看到更多的國家選擇通過對話而非武力來解決爭端。這不僅有助於維護地區的穩定，還能促進世界的和平與繁榮。

結語

國際調解院的成立，為世界帶來了新的希望。在這個機構的幫助下，國際社會或許能夠更有效地應對未來的各種挑戰。透過和平的方式解決衝突，不僅是對歷史的回應，更是對未來的承諾。希望這樣的努力，能夠促使更多國家加入進來，讓世界變得更加美好。

同學分享

Wilson Cheng（Tax Partner）

參加認可職場調解員和培訓師（CMT）課程，對我來說是一次變革性的經歷。這讓我加深了解舒緩衝突的建設性行為。我開始在日常生活中增加建設性行為，並減少破壞性行為。我也鼓勵身邊的朋友以建設性的方式對待衝突。在練習了一段時間後，衝突可以在惡化之前得以管理。我從 CMT 課程中獲得的技能和知識顯著提高了我了解和解決衝突的能力。我還向朋友介紹了衝突應對分析（Conflict Dynamics Profile），這的確令人耳目一新並引發深思。我強烈推薦這門課程給任何希望提高其解決衝突能力的人士。

KM Lau（Accredited General Mediator）

No kidding - Your working life will be different after you take this professional course. Not only can we learn how to handle conflict, but also understand ourselves under a systemic and structured framework. This course offers us a broader horizon on the beauty of workplace mediation - from the design of a meeting, the technique to motivate workers; and, most importantly, to resolve the conflict from the root and thereby restore working productivity.

Angel（醫護界）

參加完這次課程，我對於如何在緊張的工作環境中促進有效溝通，有了更深的體悟。雖然我沒有上過 40 小時的調解課程，但亦無阻我學習了許多實用的技巧，讓我了解到如何在衝突中保持冷靜，尋找雙贏的解決方案。尤其是在我們這種需要高度協作的醫療環境中，這些技巧顯得格外重要，能改善同事間的合作關係，增進彼此的理解，進而提升整體的工作效率和病人的滿意度。這次課程不僅提升了我的專業能力，也讓我能營造更和諧的工作氛圍，獲益良多。

朱老師（生物科老師）

在 CMT 課程中，我深刻理解了職場調解對處理職間問題的重要性，以及如何有效地解決職場上的衝突。課程有很多角色扮演的機會，讓我實踐並運用調解技巧協助雙方解決問題，甚至在沒有第三方之下自我調解，這些技巧都是非常實用的！

Cherie Cheung（HR Manager）

在職場上，同事間的糾紛有時都會利用權力（Power）或權利（Right）去解決，大家表面上是針對事件，但背後牽涉很多情感，繼而牽動很多情緒，一旦這種工作氛圍出現，很多時都會影響工作效率。透過學習職間調解，我認識到如何有效地透過雙方的溝通達致解決問題的方法。當中包括理論、技巧、實踐。對於一個沒有調解經驗的人來說，課程讓我能夠掌握職場上一般同事之間的糾紛可如何以調解方式去處理，非常實用。除了在工作上對我有幫助，課程中的學習亦讓我反省到自己可以改善溝通習慣，並增強了聆聽及回應的技巧。

Idy Wong（HKMAAL 認可調解員及調解課程教練〔2013〕，貿易公司香港區總經理）

工作上有衝突是十分常見的事情。每人都有自己的處理方法，但其實還有沒有其他更好的方法？帶着這樣的疑惑，我去上了職場調解的課程。最初，想像這課程教授的會是一些「維持良好工作關係」、「保持雙方工作表現」等的理論，及至上了第一課後赫然發現 —— 非也。

學習個人面對衝突時的反應，並不容易，但非常有趣，也可幫助自己管控行為，以至處理糾紛。學習一套職場調解方法，加上輔助他人認識調解技巧，可讓大家都身心健康。

有好的結構框架，清晰的行為學支持，乃至這套工具是嚴謹實驗出來的，如果持續修煉，融會貫通，真是終生受益。

説到底，做人最重要是有選擇，所以我會繼續重溫、繼續實踐、繼續分享。

索引

一、衝突個案

第 1 章【如何管理職間衝突？】

職間衝突個案 1：為搶功，閨蜜也反面......24
職間衝突個案 2：頂頭上司玩政治......32
職間衝突個案 3：夢見前上司，指責工作未完成......33
職間衝突個案 4：沒人願意學習，誰來處理衝突和投訴？...38
職間衝突個案 5：老師鬥請病假，禍及全校師生？......43
職間衝突個案 6：當你遇上惹火尤物......44

第 2 章【管理衝突的工具箱】

職間衝突個案 7：名校老師結怨......48
職間衝突個案 8：幾十年拍檔，反面打官司......60
職間衝突個案 9：年輕科主任的憤怒！......63
職間衝突個案 10：火爆型同事，無人拉得住......67
職間衝突個案 11：接手家族生意的內心掙扎......95
職間衝突個案 12：不和老闆爭辯，一句關心化解僵局......99

生活衝突個案 1：三歲小孩的啟示......81
生活衝突個案 2：幾十年夫妻，吵足幾十年......84
生活衝突個案 3：物管調停漏水事件......87
生活衝突個案 4：男士最怕黑白天鵝......104

第 3 章【平息衝突的步驟】

職間衝突個案 13：豬隊友互懟多宗罪......111
職間衝突個案 14：醫院裏的「小」衝突......116
職間衝突個案 15：一代不如一代？......128

第 4 章【結語】

職間衝突個案 16：下屬陰陽怪氣，上司如何化解怨氣？......193

二、列表

第 1 章【如何管理職間衝突？】

表 1：機構成本計算方法......28
表 2：歸納 4 大類回應方式......41

第 2 章【管理衝突的工具箱】

表 3：如何區別反應與回應？......52
表 4：內心活動（內在）vs 行為表現（外在）......77
表 5：15 種衝突回應方式......89
表 6：綜合調解與職間調解的異同......106

第 3 章【平息衝突的步驟】

表 7：預備會議宣言的 5 個重點......134
表 8：會議宣言的 3 個關鍵元素......136
表 9：預備會議十大實用句子......143
表 10：三方會議建議金句......154
表 11：重溫 TPR 五部曲......161
表 12：一表看清 TPR 與 SCC 的異同......163
表 13：SCC 調解員需要注意的事項......166
表 14：TPR 與 SCC 調解員的分別......175

打造和諧職間
一天學懂
調解

著者
鄭會圻、簡嘉妍

責任編輯
梁卓倫、潘俊賢

裝幀設計
鍾啟善

排版
陳章力、鍾啟善

出版者
萬里機構出版有限公司
香港北角英皇道 499 號北角工業大廈 20 樓
電話：2564 7511　　傳真：2565 5539
電郵：info@wanlibk.com
網址：http://www.wanlibk.com
http://www.facebook.com/wanlibk

發行者
香港聯合書刊物流有限公司
香港荃灣德士古道 220-248 號荃灣工業中心 16 樓
電話：2150 2100　　傳真：2407 3062
電郵：info@suplogistics.com.hk
網址：http://suplogistics.com.hk

承印者
美雅印刷製本有限公司
香港九龍觀塘榮業街 6 號海濱工業大廈 4 字樓 A 室

出版日期
二〇二五年六月第一次印刷

規格
16 開（213mm x 150mm）

ISBN 978-962-14-7593-0